住房和城乡建设部科技示范工程项目（NO. 2018-S3-042）
江苏省地下综合管廊试点城市示范工程项目（2016 年度）

临港产业区地下综合管廊建设技术
——连云港徐圩新区地下综合管廊

江苏方洋集团有限公司　编著
贾秉志等

中国建筑工业出版社

图书在版编目（CIP）数据

临港产业区地下综合管廊建设技术——连云港徐圩新区地下综合管廊/江苏方洋集团有限公司，贾秉志等编著. —北京：中国建筑工业出版社，2019.5
ISBN 978-7-112-23468-4

Ⅰ. ①临… Ⅱ. ①江… ②贾… Ⅲ. ①市政工程-地下管道-管道工程-连云港 Ⅳ. ①TU990.3

中国版本图书馆 CIP 数据核字（2019）第 047576 号

责任编辑：杜 洁 李玲洁
责任校对：芦欣甜

临港产业区地下综合管廊建设技术——连云港徐圩新区地下综合管廊
江苏方洋集团有限公司
　　　　贾秉志等　编著
＊
中国建筑工业出版社出版、发行（北京海淀三里河路 9 号）
各地新华书店、建筑书店经销
霸州市顺浩图文科技发展有限公司制版
北京京华铭诚工贸有限公司印刷
＊
开本：787×1092 毫米　1/16　印张：15¼　字数：362 千字
2019 年 7 月第一版　　2019 年 7 月第一次印刷
定价：**65.00** 元
ISBN 978-7-112-23468-4
　　（33762）

编著审核组

主　　审：闫红民
监　　审：安　涛　周开红　徐聆溪
成　　员：沈小红　杨基好　张应飞　曹建林　马志杰
　　　　　王　鹏　侯维红

编　写　组

主　　编：贾秉志
参编人员：毛　炜　朱进军　邵　勇　张杨军　王新江
　　　　　甘明全　李学东　焦华超　胡仿锐　胡宗强
　　　　　王　敏　张伟伟　韩立能　张聪逸　梅　君
　　　　　茆向东　纪宪坤　钱亦飞　黄　俊　王　倩
　　　　　杨　超

参 编 单 位

上海市政工程设计研究总院 （集团） 有限公司
中铁十局集团有限公司
嘉盛建设集团有限公司
江苏苏州地质工程勘察院
连云港职业技术学院
武汉鼎承伟业建筑材料有限公司
安固士 （天津） 建筑材料有限公司
武汉源锦建材科技有限公司
江苏昂德光电科技有限公司

前言

　　城市地下综合管廊作为市政管线新的敷设方式，可以有效降低环境对市政管线的侵蚀，延长市政管线使用寿命，方便市政管线检修与维护，节约土地资源，因此国内很多城市都在进行地下综合管廊的建设。当前国内在建和已建的地下综合管廊工程中，像徐圩新区这样在滨海软土环境中建设地下综合管廊工程的还比较少。徐圩新区地下淤泥层平均厚度达到14m，是典型的软土地质环境，在这样的地质环境中建设地下综合管廊，还能避免地基沉降对市政管线带来的损伤。徐圩新区地下综合管廊与徐圩新区石化产业区相邻，考虑到近几年国内发生的石化企业重大事故，对周围环境带来的危害及人员伤亡，本工程设计中在管廊内部设置人员疏散通道功能，将有效提高该区域防灾抗灾能力。

　　本书重点阐述了徐圩新区地下综合管廊规划思路、主体设计、运维与智能化设计、施工方法等内容，还对地下综合管廊内所设置的人员疏散通道设计做了具体介绍。第1章主要内容为国内外管廊发展历程，重点介绍了我国近年地下综合管廊的发展趋势。第2章主要内容为徐圩新区发展概况及建设管廊的意义等，重点介绍了地下综合管廊的规划思路。第3章主要内容为徐圩新区地下综合管廊建设场地的工程地质条件等，重点介绍了工程建设特点及工程应对思路。第4章主要内容为徐圩新区地下综合管廊的工程设计，重点介绍了管廊主体结构设计、地基处理和基坑支护设计以及管线入廊设计等内容。第5章主要内容为地下综合管廊健康监测，重点介绍了健康监测内容和监测工作布置。第6章主要内容为地下综合管廊运维管理，重点介绍了管廊土建结构及附属设施的管理。第7章、第8章主要内容为地下综合管廊的智慧管理系统设计，重点介绍了物联网、VR、移动APP等高新技术的应用。第9章、第10章主要内容为地下综合管廊的施工技术，重点介绍了防水工程施工技术、混凝土冬季施工技术、交叉口段基坑施工技术等。第11章主要内容为高性能混凝土的应用技术，重点介绍了高性能混凝土的设计、抗腐蚀试验研究及工程现场应用效果。第12章主要内容为地下综合管廊回填料的应用技术，重点介绍了工业碱渣的资源化利用试验研究及工程现场应用效果。第13章主要内容为第三方监测的应用技术，重点介绍了第三方监测的工作布置及监测成果。第14章主要内容为徐圩新区地下综合管廊的建设经验总结，重点总结了入廊管线布置、长条形软土基坑支护设计及施工、如何利用现有设施进行规划设计等方面的经验。

　　本书是江苏方洋集团有限公司对徐圩新区地下综合管廊工程建设成果的总结，同时也是各工程参建单位在该工程建设中工作经验的提炼。本书记录了该工程设计与建设的主要内容，汇总了其中的重要数据和技术措施，希望本书能成为介绍和宣传该工程的资料库，同时为滨海地区软土环境中的地下工程建设提供有意义的借鉴。

本书由徐聆溪负责总指导，贾秉志负责总体策划，贾秉志、邵勇等负责编写大纲、组织协调和定稿等工作。其中，第1章、第2章、第3章由贾秉志和邵勇编写，第4章由毛炜、张聪逸和贾秉志编写，第5章由钱亦非、朱佳铖和黄俊编写，第6章由王敏和张伟伟编写，第7章、第8章由胡宗强和贾秉志编写，第9章由王新江和甘明全编写，第10章由张杨军、梅君编写，第11章、第12章由邵勇、朱进军和王倩编写，第13章由李学东和贾秉志编写，第14章由贾秉志和邵勇编写。韩立能、焦华超、胡仿锐、纪宪坤、茆向东、吴勇等也参与了本专著编写。

本书出版之际，恰逢国家东中西区域合作示范区（连云港徐圩新区）成立10周年，本书参编人员祝贺徐圩新区成立10周年，祝愿徐圩新区的建设发展实现不断超越，成为后发先至的典型代表。

最后，谨向所有帮助、支持和鼓励完成本书的朋友表达我们深深的谢意，向中国建筑工业出版社的编辑们给予我们的指导和帮助表示感谢。

限于作者水平，书中难免会有疏漏和不妥之处，敬请读者批评指正。

贾秉志

2019 年 1 月

目 录

第1章　地下综合管廊发展现状

　　地下综合管廊是保障城市运行的重要基础设施和"生命线",在发达国家已经发展了一个多世纪,其建设技术也较为完善。我国地下综合管廊的发展较晚,但是近年随着国家层面的重视,其发展速度和建设规模均有较大提升,建设技术也日臻完善。

1.1 国外地下综合管廊发展历程

国外地下综合管廊发展较早,1833 年法国巴黎出现了世界上第一条地下综合管廊,在当时形成了完善成熟的管廊建造技术,并在其他城市中得到了广泛应用,为后期城市市政建设提供了成功案例。地下综合管廊建设在一些发达国家出现较早,建造技术也较为成熟,现将法国、德国、美国等国家的地下综合管廊建设情况简述如下:

(1)法国。巴黎市于 1833 年着手规划市区下水道系统网络,并在管道中收容自来水(包括饮用及清洗用的两类自来水)、电信电缆、压缩空气及交通信号电缆五种管线,这是历史上最早规划建设的综合管廊形式。在 19 世纪 60 年代末,为配合巴黎市副中心的开发,规划了完整的综合管廊系统,收容自来水、电力、电信、冷热水管及集尘配管等,并且为了适应现代城市管线的种类多和敷设要求高等特点,而把综合管廊的断面修改成了矩形形式。迄今为止,巴黎市区及郊区的综合管廊总长已达 2100km,堪称世界城市里程之首。

(2)德国。1893 年的汉堡市兴建了 450m 的综合管廊,收容了暖气管、自来水管、电力缆线、电信缆线及燃气管,但不含排水管道。1964 年苏尔市(Suhl)及哈利市(Halle)开始兴建综合管廊的试验计划,至 1970 年共完成 15km 以上的综合管廊并开始营运,同时也拟定在全国推广综合管廊的网络系统计划。其收容的管线包括雨水管、污水管、饮用水管、热水管、工业用水干管、电力电缆、通信电缆、路灯用电缆及燃气管等。

(3)西班牙。1953 年马德里市首先开始进行综合管廊的规划与建设,当时称为服务综合管廊计划,而后演变成目前广泛使用的综合管廊管道系统。经调查发现,建设综合管廊的道路,路面开挖的次数大幅减少,路面塌陷与交通阻塞的现象也得以消除,道路寿命也比其他道路显著延长,在技术和经济上均取得了良好效果,于是,综合管廊逐步得以推广。

(4)美国。1970 年,美国在怀特普莱恩斯(White Plains)市中心建设综合管廊,除了燃气管外,几乎所有管线均收容在综合管廊内。此外,美国具代表性的还有纽约市从束河下穿越并连接阿斯托里亚(Astoria)和地犹门发电厂(Hell Gate Generatio Plants)的隧道,该隧道长约 1554m,收容有 345kV 输配电力缆线、电信缆线、污水管和自来水干线,而阿拉斯加的费尔班克斯(Fairbanks)和诺姆(Nome)建设的综合管廊系统,是为防止自来水和污水出现冰冻,Faizhanks 管廊系统约有 6 个廊区,而 Nome 管廊系统是唯一将整个城市市区的供水和污水系统纳入综合管廊,管廊长约 4022m。

(5)英国。英国于 1861 年在伦敦市区兴建综合管廊,采用 12m×7.6m 的半圆形断面,收容自来水管、污水管及瓦斯管、电力缆线、电信缆线外,还敷设了连接用户的管线,迄今伦敦市区建设综合管廊已超过 22 条,伦敦兴建的综合管廊建设经费完全由政府筹措,管廊属伦敦市政府所有,完成后再由市政府出租给管线单位使用。

（6）日本。日本综合管廊的建设始于 1926 年，东京关东大地震后，鉴于地震灾害等原因设置了三处管廊：九段阪综合管廊，位于人行道下方，净宽 3m，高 2m，干线长度 270m，钢筋混凝土箱涵构造；滨町金座街综合管廊，位于人行道下方，为只收容缆线类的电缆沟；东京后火车站至昭和街综合管廊，净宽约 3.3m，高约 2.1m，收容电力、电信、自来水及瓦斯等管线。由于汽车交通快速发展，为避免经常挖掘道路影响交通，于 1959 年又再度于东京都淀桥旧净水厂及新宿西口设置管廊。1962 年政府宣布禁止挖掘道路，并于 1963 年 4 月颁布管廊特别实施法，制定建设经费的分摊办法，拟定长期的发展计划。自公布综合管廊专法后，首先在尼崎地区建设综合管廊 889m，同时在全国各大都市拟定五年期的综合管廊连续建设计划，在 1993—1997 年为日本综合管廊的建设高峰期，截至 1997 年已完成干线 446km，较著名的有东京银座、青山、麻布、幕张副都心、横滨 M21、多摩新市镇（设置垃圾输送管）等地下综合管廊。其他各大城市，如大阪、京都、各古屋、冈山市等均大量地进设综合管廊，截至 2001 年日本全国已兴建超过 600km 的综合管廊。

1.2　我国地下综合管廊建设历程

我国的综合管廊建设最早可追溯到 1958 年在北京天安门附近铺设的第一条地下管廊。1994 年开发上海浦东新区时在张杨路修建全长 11.13km 的地下管廊，标志着综合管廊建设正式起步。在这之后，北京、上海、天津、广州、昆明、福建和南京等城市也在城市建设过程中修建了综合管廊，但总体规模都不大。直到 2000 年之后，我国地下管廊建设才开始加速，目前，国内具有高完整性、先进技术、完备法规、明确职能定位的一条综合管廊位于上海世博园区。该系统形成了服务于整个世博园区的骨架化综合管廊结构，综合利用城市道路下部空间，以市政公用管线为中心，在世博园区内展开合理布局、优化配置。

（1）北京。地下综合管廊对我国来说是一个全新的课题。第一条综合管廊于 1958 年建造于北京天安门广场下，鉴于天安门在北京有特殊的政治地位，为了日后避免广场被开挖，建造了一条宽 4m、高 3m、埋深 7～8m、长 1km 的综合管廊，收容电力、电信、供暖等管线。

（2）天津。1990 年，天津市为解决新客站行人、管道与穿越多股铁道而兴建长 50m，宽 10m，高 5m 的隧道，同时拨出宽约 2.5m 的综合管廊，用于收容上下水、电力电缆等管线，这是我国综合管廊的雏形。

（3）上海。1994 年，上海浦东新区张杨路人行道下方建造了 2 条宽 5.9m、高 2.6m、双孔各长 5.6km、共 11.2km 的支管综合管廊，收容燃气、通信、上水、电力等管线，它是我国第一条较具规模并已投入运营的综合管廊。2006 年年底，上海的嘉定安亭新镇地区建成了全长 7.5km 的地下管线综合管廊，另外在松江新区建成长 1km，集所有管线于一体的地下管线综合管廊。

（4）广州。2003年年底，在广州大学城建成全长17.4km，断面尺寸为7m×2.8m的地下综合管廊。其中，沿中环路呈环状结构布局为干线综合管廊，全长约10km，另有5条支线综合管廊，长度总和约7km。这是广东省规划建设的第一条综合管廊，也是目前国内较长、影响较大、体系较完整的一条综合管廊。

（5）台湾地区。台湾地区自20世纪80年代即开始研究评估综合管廊建设方案，1990年制定了"公共管线埋设拆迁问题处理方案"来积极推动综合管廊建设，首先从立法方面进行研究，1992年委托台湾"中华道路协会"进行《共同管道法》立法的研究，2000年5月30日通过立法程序，同年6月14日正式公布实施。2001年12月颁布母法施行细则、建设综合管廊经费分摊办法及工程设计标准，并授权当地政府制定综合管廊的维护办法，至此我国台湾地区继日本之后成为亚洲具有综合管廊最完备法律基础的地区。台湾结合新建道路、新区开发、城市再开发、轨道交通系统、铁路地下化及其他重大工程优先推动综合管廊建设，台北、高雄、台中等大城市已完成了系统网络的规划并逐步建成。此外，已完成建设的还包括新近施工中的台湾高速铁路沿线五大新站新市区的开发。

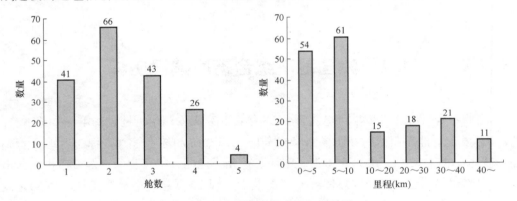

图1-1　国内部分管廊建设规模统计

根据国内各城市180项地下综合管廊工程建设数据的分析，结果如图1-1所示，从舱数来看，大部分为1～2舱，约占60%，从建设里程来看，大部分在10km以内，约占64%。

近年我国地下综合管廊的建设发展速度较快，根据2017年在建的主要管廊工程，其中大部分管廊均在10km以上，舱数大多为3舱及以上，说明我国地下综合管廊的建设规模越来越大，政府部门对地下综合管廊建设的投入也越来越大，因此地下综合管廊必将为我国供给侧结构性改革及城市美化做出一定贡献。

第 2 章　徐圩新区地下综合管廊建设概况

徐圩新区地下综合管廊一期位于连云港徐圩新区，总长度 15.3km，建设投资 19.4 亿元，是江苏省第二批地下综合管廊试点城市项目。

2.1 徐圩新区建设发展现状

徐圩新区位于连云港市南云台山南部和埒子河北岸沿海，拥有 $150km^2$ 的低产盐田，因徐圩盐场而得名。2009 年 6 月，国务院批准实施《江苏沿海地区发展规划》，徐圩新区开始成为江苏沿海开发战略的主要实施载体。2011 年 5 月 31 日，国务院批复在连云港市设立国家东中西区域合作示范区，明确徐圩新区为示范区的先导区，要求示范区依托陆桥经济带，服务中西部，面向东北亚，建成服务中西部地区对外开放的重要门户、东中西产业合作示范基地、区域合作体制机制创新试验区。

整个徐圩新区规划布局为"六园一区"，其中"六园"为：石化产业园、精品钢产业园、节能环保科技园、现代港口物流园、中西部地区出口产品生产加工基地、现代农业示范园。"一区"为商务配套功能区。以石化产业为依托，徐圩新区将全面建成国家生态工业示范园区、智能化新区，已经被国家确定为全国七大石化产业基地之一。

作为示范区先导区的徐圩新区，经过 9 年多时间的开发建设，已经全面拉开基础设施建设框架，完成临港主导产业规划布局，一批服务区域经济发展的示范区功能平台正在加快推进。计划再用 5～10 年时间，徐圩新区将全面建成国家生态工业示范园区、智能化新区、国家石化产业基地和千万吨级精品钢产业基地。

2.2 地下综合管廊建设意义

连云港徐圩新区是国家东中西区域合作示范区，作为连云港一体两翼战略的重要一极，承载着连云港发展"后发先至"的历史使命和"坚韧、尽责、高效、创新"的新区精神。而徐圩新区地下综合管廊的建设正是体现新区精神的重要载体之一，因此管廊建设对新区的发展具有重大意义。

对于徐圩新区这样一个以化工产业为主的产业园区，地下综合管廊的建设必须与之紧密结合，既要提升城市基础设施又要服务于产业园区。徐圩新区地下综合管廊建设基于这一思想而展开，其建设意义主要体现在产业配套、防灾抗灾、应急疏散、应急灾备、节能环保、智能管控、国防安全、应急输电八个方面。

1. 产业配套

徐圩新区地下综合管廊规划建设给水排水、电力、通信、燃气、热力等管线，可以为产业园区提供配套设施，从而提高园区的运作效率。为新区打造江苏沿海新型工业化基地、发展战略新兴产业以及创建国家生态工业园区提供保障。

2. 防灾抗灾

徐圩新区地处江苏沿海，属于地震、台风、冰冻等自然灾害多发区域，新区地下综合管廊自身结构牢固，可以大幅降低外力对市政公用管线的损害。同时，通过对廊内管线的实时监控，当灾害发生时可随时切断供水、燃气、电力等市政线路，有效避免次生灾害的发生。

3. 应急疏散

徐圩新区地下综合管廊设计的疏散通道宽度达到 $1.8\sim2m$，具有疏散、逃生等功能。同时，地下综合管廊与地面应急指挥中心、医疗救援中心和工业邻里中心实现互联互通，可以提高应急指挥和医疗救助的效率。

4. 应急灾备

徐圩新区地下综合管廊可以实现应急指挥、医疗救助等功能向地下转移，建立临时服务保障地下医院、地下应急指挥中心、地下数据灾备中心等灾备系统。

5. 节能环保

徐圩新区属于盐碱滩涂，土质含盐量高，对管线腐蚀性大。新区地下综合管廊的建设可有效隔绝土壤对市政管线的腐蚀，延长管线使用寿命。同时，可以随时满足管线的增容、扩建需求，避免重复开挖，保证资源高效利用。

6. 智能管控

徐圩新区地下综合管廊配套建设运营管理平台，可以实现对管廊结构健康状况、管线安全状况的实时监测，并能通过指挥调度系统对管线进行智能化巡检、远程控制和应急处置，极大地提升了新区的智能化管理水平。

7. 国防安全

连云港属于国家边防重要战略基地。在必要时，新区地下综合管廊可以临时作为地下指挥、防空、避难的流动场所，为国防安全提供保障。

8. 应急输电

徐圩新区地下综合管廊可以为石化基地提供应急输电通道，保障生产平稳运行。

2.3　地下综合管廊建设概况

徐圩新区地下综合管廊工程得到连云港市政府的高度重视，工程被列为连云港市政府重点工程，并成立了地下综合管廊建设工作领导小组。在连云港市地下综合管廊工作领导小组的统筹协调下，连云港市城乡建设局作为行业主管部门，徐圩新区管理委员会作为行政主管部门，以江苏方洋集团有限公司为实施主体，开展项目的立项、可研及环评工作，然后开展项目施工建设。根据项目实施情况科学合理安排施工进度，待工程竣工验收后，协调管线部门进行管线实施布置，最后交由管廊公司统一运营管理。

徐圩新区管委会按照《国务院办公厅关于推进城市地下综合管廊建设的指导意见》

（国办发〔2015〕61号）和《江苏省政府办公厅关于加强城市地下管线建设管理的实施意见》（苏政办发〔2014〕110号）要求，从2015年年底开始筹备地下综合管廊建设工作，先后开展了地下综合管廊工程可行性研究和工程设计工作。徐圩新区地下综合管廊试验段于2016年6月17日正式开工建设。

徐圩新区地下综合管廊一期工程通过江苏省住房城乡建设厅、江苏省财政厅组织的专家组答辩评审，2016年6月15日成为江苏省第二批地下综合管廊试点城市项目。徐圩新区地下综合管廊课题组申报的市政公用科技示范工程课题，通过住房和城乡建设部专家组答辩评审，2018年6月14日列入住房和城乡建设部2018年度科学技术项目计划。

1. 徐圩管廊总体概况

根据《连云港市综合管廊工程专项规划》和徐圩新区现阶段建设进程及各市政规划，目前地下综合管廊主要建设区域为徐圩新区节能环保科技园，未来将延伸至徐圩港，规划总长约24km，如图2-1所示，总体布置如下：

主干管廊（11.4km）：江苏大道（应急救援中心—徐圩污水处理厂北侧，8.4km），西安路（环保二路—方洋路，3.0km）。

次干线管廊（12.7km）：环保二路（创业大道—江苏大道，3.0km），环保大道（乌鲁木齐路—江苏大道，3.4km），创业大道（环保二路—方洋路，3.7km），方洋路（乌鲁木齐路—江苏大道，2.6km）。

徐圩管廊一期工程建设15.3km，分别位于江苏大道、西安路、环保二路和方洋路四

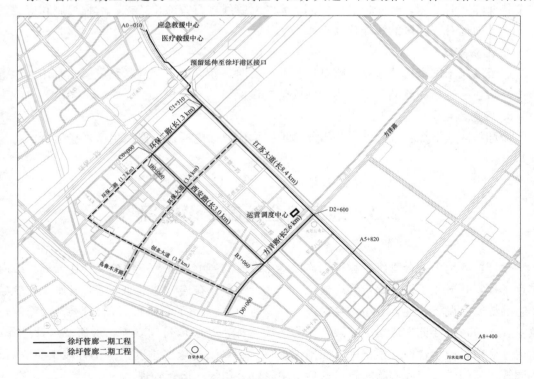

图2-1 徐圩新区地下综合管廊整体规划图

条道路下方。管廊横断面分为 2 舱、3 舱和 4 舱三种，断面宽度从 6.55～15.35m 共有 9 种尺寸。入廊的市政管线共有 8 种，包括：高压电力、中压电力、通信、给水、污水、原水、燃气、供热等。在管廊一期工程的江苏大道管廊设计安排了人员疏散通道，用于产业区发生灾难时人员撤离灾难发生区。在管廊顶部设计安排了人员疏散口 11 处，用于管廊内人员逃生或救援。

2. 运营调度中心

管廊运营调度中心安排在江苏大道与方洋路交叉口，作为整个地下综合管廊的总控制中心，兼具智能监控、运营调度、应急抢修的多重功能，是管廊运行的中枢。该中心建筑总面积 2712km^2，地上 2 层，地下 1 层，主要组成包括：位于一层的运营管理中心，集成了地下综合管廊全部的控制系统；位于二层的办公用房，可容纳管廊管理工作人员 20 人左右在此办公。该层包括办公室、会议室、档案室、员工餐厅等；位于地下一层的展览厅，用于展览展示徐圩新区地下综合管廊的建设成果，其中展厅面积 387.5m^2。该展厅与地下综合管廊江苏大道段相连通，参观人员也可通过此通道到达管廊里进行实景参观。

3. 应急疏散通道

为了提高防灾和救援水平，在管廊中设置人员疏散通道，人员疏散通道由应急指挥中心连通到医疗救援中心、运营调度中心、工业邻里中心和石化产业园。人员可以从管廊人员疏散通道到达这些重要建筑的地下室，提高了管廊人员疏散的通达面，保证了应对灾难的重要设施发挥更大作用。

4. 徐圩管廊在国内的排名

在目前收集到的 180 个城市地下综合管廊资料中，长度超过 30km 的管廊占 18%，长度超过 20km 的管廊占到 26%，长度超过 10km 的管廊占到 44%。本管廊长度 15.3km，排在第 60 位，属于较长管廊。资料显示国内最宽的管廊为 15.82m，本管廊最宽处为 15.35m，属于最宽地下综合管廊之一。

5. 徐圩管廊涉及的主要工作

徐圩新区地下综合管廊在完成管廊基本工程设计外，还进行了管廊健康监测系统设计、管廊运维管理系统设计、BIM 在工程实施中的应用、第三方监测等工作，并在基坑工程技术、基础工程技术、主体结构技术、回填料应用技术、高性能混凝土应用技术等方面开展了相应的研究工作，并开展了两项课题研究。

2.4　地下综合管廊规划思路

1. 整体线路规划

徐圩新区地下综合管廊的规划安排与产业园区的发展需求和市政道路建设相结合，在规划时主要考虑了以下几点因素：

（1）地下综合管廊与产业园发展相结合，进行管廊规划安排。在徐圩新区六大产业园区中，能够较好地利用地下综合管廊工程的产业园，如石化产业园、精品钢产业园、节能环保科技园。其中石化产业园区市政管网已经初具规模；精品钢产业园产业少，需求小；节能环保科技园处于新企业入驻初期，市政管线配套建设也处于起步阶段，是建设地下综合管廊为其提供服务的最好时机。

（2）地下综合管廊与市政道路建设相结合，避免新建道路配套市政管线重复建设。节能环保科技园内道路刚刚建成，且道路两侧规划有绿化带用地，其地下空间可以容纳地下综合管廊，有一些已建成的管线，通过再设计进行了妥善的安排。

（3）规划地下综合管廊线路时巧妙利用现状设施，降低工程造价和施工难度。在穿越重要道路时，将管廊线路安排在道路立交桥或架空桥梁下方，避免开挖或穿越道路路基，降低施工难度、减少施工费用，避免对道路交通造成影响，实现多重效益。

（4）地下综合管廊将产业园与应急公共设施相结合，提升产业园应急救援能力。考虑地下综合管廊邻近石化产业园，为应对石化产业园可能出现的灾难性事故，在地下综合管廊内增设人员疏散通道功能，并通过地下综合管廊将石化产业园与医疗救援中心、灭火应急救援中心、工业邻里中心等联结起来。一旦石化产业园发生灾难事故，管廊内人员疏散通道将起到输送受困人员和救援人员的作用。

（5）考虑地下综合管廊长远规划，预留通向徐圩港的管廊接口。本地下综合管廊与徐圩港功能中心直线距离约4km，将来地下综合管廊通至徐圩港时，可为港口提供水、电管线的敷设服务，将大幅提升徐圩港水电管线的安全运营保障水平。

（6）从管廊管理需要和工程技术要求出发，确定地下综合管廊运营调度中心选址定位。该运营调度中心位于江苏大道与方洋路交叉口西北角。选址基于两点：一是该位置处于地下综合管廊管线最密集的管廊段交会点，运营调度中心与管线距离短，控制联系便捷，工程造价更经济；二是该位置处于两条交通干道附近，邻近交通次干道——环保七路，交通便利，有利于管廊运营中对应急事件的及时处理。

2. 运营调度中心规划

地下综合管廊运营调度中心负责管廊内的电力、照明、消防、安全、廊内管线运行调度和管廊本体沉降监测，还具有管廊管理人员办公和管廊展厅功能。因此，运营调度中心选址考虑的要素一是要位于管线系统中心，在工程设计方面更合理；二是对于管廊内部联系和管廊外部道路交通要便利，方便出现紧急状况时处理问题。

考虑江苏大道段管廊是本管廊系统中最长的管廊段，且江苏大道是交通干道，运营调度中心选址优先考虑江苏大道沿线。江苏大道与方洋路交口处是整个管廊中管线系统最密集的地方，运营调度中心邻近该处较为合理。确定运营调度中心选址在江苏大道与方洋路交口西北角，中心用地南邻环保七路，且环保七路与江苏大道相通，满足了管廊日常运营管理、参观者出入和出现紧急情况通行的要求。

运营调度中心选址于此，其建筑坐北朝南，既有良好的朝向，还最大限度减少了海风对该建筑的不利影响。

第 3 章　徐圩新区地质情况及应对思路

　　徐圩新区地下综合管廊工程地处滨海，较厚的淤泥地质给管廊的设计和施工带来较大影响，这也是本工程建设的最大难点。为应对这种地质情况，本工程在设计和施工过程中采取了有效的工程措施。

3.1 工程地质情况

1. 地形地貌特征

连云港地区地貌类型主要为低山丘陵和山前平原两大类，低山由变质岩组成，呈北东—南西向展布；山前平原多为堆积成因，地势相对较低，有第四系堆积。连云港地区地层属赣榆—连云港—东海地层小区，发育下元古界东海杂岩河中上古界海州群变质岩系地层，在锦屏山、云台山等低山丘陵出露地表，其余皆被第四系覆盖，基岩埋深 0～40m，由低山向平地逐渐加大。

徐圩新区内部烧香河及烧香支河两侧多为农田，排淡河两侧多为盐田，其他区域主要由台南和徐圩两大盐场组成，盐田密布，沟渠纵横交错，盐田和水面占区域面积的 85%左右，区域地势总体呈现北高南低、西高东低的趋势，施工区域地面高程一般在 2.0～4.0m，平均地面高程在 3.4m 左右。

2. 基本地质背景

据区域地质资料反映，连云港地区在大地构造单元上属于华北断块区中的鲁苏断块。鲁苏断块以郯庐断裂和淮阴—响水断裂为界，西与鲁西断块相邻，南与下扬子断块相接。基底构造由太古界—元古界的东海群和海州群组成。主要岩性为黑云母钾长片麻岩、变粒岩、浅粒岩、花岗混合岩、石英片岩、云母片岩和大理岩透镜体，其年龄值为 22.33 亿年。元古代后，长期整体上升，遭受剥蚀，缺失古生代地层；中生代印支、燕山运动使中国东部经历了一场深刻的构造变革时期，由于断裂活动形成了拉张型盆地。新构造运动表现出徐缓稳定上升，属相对稳定区。区内不存在第四纪全新世活动断裂，近百年来未发生明显地震活动，总体上场区地质构造简单，区域地质条件较稳定。

3. 地层岩性

图 3-1 为徐圩新区地下综合管廊工程地质剖面，颇具代表性，连云港地区地层大多如此。徐圩新区地下综合管廊结构的底板处于③层淤泥中，这是本工程的难点所在。主要地层情况：

① -1 层素填土：灰褐色，松散，稍湿，以黏性土为主，夹少量碎石、贝壳碎片和植物根系，均匀性较差。

② 层黏土：灰黄色，软—可塑，土质均匀，切面光滑，干强度高，韧性高。

③ 层淤泥：浅灰色，流塑，土质较均匀，中下部夹薄层粉土，干强度高，韧性中等，有轻微淤臭味。

④ -1 层含钙核粉质黏土：灰黄色，可塑，土质均匀性一般，局部夹少量钙质结核，干强度中等，韧性中等。

④ -2 层粉质黏土：灰黄色，可塑，土质均匀性一般，干强度中等，韧性中等。

④ -3 层粉土：黄褐色，中密，土质均匀性一般，夹黏性土薄层，稍湿—湿。

④ -4 层粉质黏土：黄褐色，可塑，土质均匀性一般，夹粉土薄层，干强度中等，韧性中等。

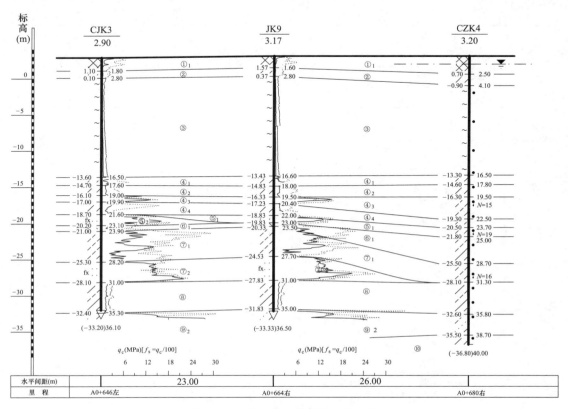

图 3-1　管廊工程场地典型地质剖图

4. 地下水

连云港徐圩新区地下综合管廊工程沿线地表水主要分布有张圩港河、纳潮河、驳盐河、方洋河、中心河、烧香支河、马二份河等河流，张圩港河河底标高为 -1.31m，方洋河河底标高为 -1.43m，纳潮河河底标高为 -0.35m，中心河河底标高为 -1.46m。地表分布有多处鱼（虾）塘，水量一般，勘察时地表水面标高在 1.60～2.30m。

工程勘察深度范围内地下水可以分为两种类型：

第一种类型为潜水，赋存于上部素填土、黏土及淤泥中，水量不大，其补给来源于大气降水的垂直渗入和河流的侧向补给，排泄以蒸发为主。勘察期间潜水水位埋深标高一般在 2.00～2.20m，水量较少，年变幅 1.0m 左右。

第二种类型为承压水，主要赋存于下部粉土、粉砂层中，富水性一般，受上游的侧向径流补给，排泄主要为人工开采和向下游的侧向径流。根据本次初勘所施工的两个长期观测井实测资料，勘察期间最高承压水水位标高约在 0.00～0.50m，水量一般。

　　根据现场调查，场地周围无污染源，工程场地地表水、地下水对建筑材料的腐蚀性评价见表3-1。

地表水地下水腐蚀性评价　　　　　　　　　　　　　　　表 3-1

评价类型	腐蚀介质	环境类型（Ⅱ）		测试值地表水	测试值地下水	腐蚀性评价	
		腐蚀等级	指标值			长期浸水	干湿交替
水和土按环境类型对混凝土结构的腐蚀性评价	SO_4^{2-} (mg/L)	微	<300	2065.3~2353.5	840.5~2982.7	中	中
		弱	300~1500				
		中	1500~3000				
		强	>3000				
	Mg^{2+} (mg/L)	微	<2000	905.5~1154.7	382.9~1416.1	微	微
		弱	2000~3000				
		中	3000~4000				
		强	>4000				
	矿化度 (mg/L)	微	<20000	25338~30447	12636~33879	微	微
		弱	20000~50000				
		中	50000~60000				
		强	>60000				
水和土按地层渗透性对混凝土结构的腐蚀性评价（渗透类型B）	pH 值	微	>5.0	7.00~7.15	6.93~7.17	微	微
		弱	4.0~5.0				
		中	3.5~4.0				
		强	<3.5				
	侵蚀性 CO_2 (mg/L)	微	<30	0.0	2.3		
		弱	30~60				
		中	60~100				
		强	—				
	HCO^{3-} (mmol/L)	微	>1.0	3.68~5.53	1.43~6.86		
		弱	1.0~0.5				
		中	<0.5				
		强	—				
水对钢筋混凝土结构中钢筋的腐蚀性评价	Cl^- (mg/L)	微	<100	751.6~16733.7	6894.2~16308.2	微~弱	强
			（长期浸水）<10000				
		弱	100~500				
			（长期浸水）10000~20000				
		中	500~5000				
		强	>5000				

续表

评价类型	腐蚀介质	环境类型（Ⅱ）		测试值地表水	测试值地下水	腐蚀性评价	
		腐蚀等级	指标值			长期浸水	干湿交替
土对钢筋混凝土结构中钢筋的腐蚀性评价	Cl-（mg/kg）	微	＜250	参照地下水测试结果	参照地下水测试结果	微～弱	强
		弱	250～500				
		中	500～5000				
		强	＞5000				

3.2　工程地质影响

1. 对地基基础的影响

连云港徐圩新区地下综合管廊（标准断面处）基础埋置深度为 6～7m，管廊（倒虹吸段）顶部距河底或上部障碍物净距约 2m（埋深约为 8～12m），管廊（交叉口）埋置深度为 11～14m，基础均位于③层淤泥中，③层淤泥强度低、压缩性高，厚度大，易产生不均匀沉降，承载力特征值 $f_{ak}=45$ kPa，采用天然地基不满足要求，需进行地基处理。

控制中心基础埋深为 7～8m，基础同样置于③层淤泥中，易产生不均匀沉降，采用天然地基不满足要求，需进行地基处理。

2. 对成桩的影响

场地浅部存在③层淤泥，厚度较大，钻孔灌注桩成孔过程中，由于黏性土的回淤力和超孔隙水压力造成缩径，在④-3 层粉土、⑤-1 层粉土、⑤-2 层粉细砂、⑦-1 层粉土、⑦-2 层粉细砂层中容易造成塌孔，影响成桩质量。预防缩径、塌孔的关键是控制泥浆比重，确保泥浆能保持孔壁平衡，应选择合适的设备、施工工艺，采取必要的施工措施，确保成桩质量，并应加强桩身质量检测。

3. 对基坑开挖的影响

连云港徐圩新区地下综合管廊工程明挖管廊基坑开挖深度范围为 6.0～14.0m。根据勘探资料分析，基坑开挖揭露的土层主要有①1 层素填土、②层粉质黏土、③层淤泥。不同性质地基土对基坑设计、施工影响：

①1 层填土，以黏性土为主，局部为杂填土，组成较为复杂，均匀性较差，强度较低，稳定性差，开挖过程中易发生坍塌，对基坑坑壁稳定较为不利。

②层粉质黏土，具有一定的强度和稳定性，对管廊基坑开挖稳定较为有利。

③层淤泥，强度低，灵敏度高，稳定性差，开挖过程中易发生坍塌，对管廊基坑坑壁稳定较为不利。

4. 对混凝土结构的影响

根据本工程水文地质条件，地下水对混凝土结构具有一定的腐蚀性，需考虑使用高性能混凝土，本书开展了相关的试验研究，详见本书第 10 章。

3.3 工程建设特点及难点

1. 建设规模大

徐圩新区地下综合管廊一期工程一次性建设规模大，建设长度 15.3km，建设管廊断面平均宽度 12.25m，管廊断面最宽处为 15.35m，总投资 19.4 亿元。入廊管线多达 8 种，包括：高压电力、中压电力、通信、给水、污水、原水、燃气、供热等。

2. 工程地质条件复杂

地下综合管廊建设区普遍存在淤泥层，淤泥厚度平均达到 14m。该层含水量高、强度低，压缩性高，灵敏度较高，侧向稳定性差，有欠固结特性，为特殊性工程地质层。管廊基坑开挖深度为 7m，位于淤泥层内，在基坑开挖过程中易发生基坑变形、坍塌事故。另外，地下水具有一定的腐蚀性，混凝土结构需要特别处理。

3. 地下障碍多，协调难度很大

管廊建设区内存在通信、电力、给水、污水、雨水等多种管线，各种管线均与管廊主体相交或是平行，由于管线布置形式多样，涉及产权单位多，现场施工组织难度大，协调工作量大。建设过程中提前进行细致调查，主动与各管线业主单位对接协调，制定管线迁改或保护方案，推进迁改工程。

4. 下穿河道多

地下综合管廊下穿河道多达 7 处，涉及多处倒虹吸段。该段基坑开挖深度较大且施工工期较短，在建设过程中选择枯水期施工，集中人员、设备进行突击，缩短相互干扰时间，严格按照施工方案施工。

5. 涉及专业多

本管廊工程涉及结构工程、建筑工程、暖通工程、给水排水工程、电力工程、控制中心、消防工程、通信监控工程等，各个专业工程间连通性比较强，新工艺较多，施工资源调配和过程管理具有一定难度。

6. 已有构筑物的影响大

管廊穿越多种地形或重要设施，包括穿越 7 条河流、1 条货运铁路线和 1 座互通式立交桥。对于管廊在防水、抗震、动荷载应对等方面提出较高要求。管廊距离高压电力塔较近，最近处仅为 1.5m，基坑开挖势必影响高压电力塔的稳定性，部分段落高压电力线净高不能满足施工安全的要求，在设计中需要采取相应措施。

3.4 主要应对思路

徐圩新区地下综合管廊总体特点为建设线路较长且体量较大，建设场地邻近市政道路、高压电力线，下穿河道多处，地基多为淤泥质土，工程性质较差，地下水有一定腐蚀性等，因此在工程建设中采取了以下主要措施：

（1）在基础工程中采用了粉喷桩、拉森钢板桩、钻孔灌注桩、预应力混凝土方桩、高压旋喷桩等。其中粉喷桩主要用于地基处理，拉森钢板桩主要用于标准段的基坑支护，钻孔灌注桩、预应力混凝土方桩、高压旋喷桩主要用于交叉口段、倒虹吸段等。

（2）管廊主体结构采用抗渗等级为 P8 的 C45 防水钢筋混凝土，并在施工前进行了高性能混凝土的试验研究，在常规混凝土中掺入了合理的外加剂。

（3）管廊主体结构的底板、侧墙、顶板采用全包防水结构形式，整体防水等级为二级，变形缝两侧 1m 范围防水等级为一级。采用以结构自防水为主、外防水（附加防水）为辅的综合性防水方案。

第 4 章　地下综合管廊工程设计

对于徐圩新区地下综合管廊的工程设计，针对建设面临的诸多问题，经过仔细研究，进行了多方案的比较，并在最终方案的实施过程中不断优化，确保了管廊建设的顺利进行。本管廊设计中需注意的问题主要有软土地基的处理、长条形软土基坑的支护、多种管线的布置、防水防腐等。

4.1 管廊总图设计

4.1.1 管廊线路布局

1. 整体线路概况

徐圩新区地下综合管廊一期工程总长 15.3km，如图 4-1 所示。具体情况如下：

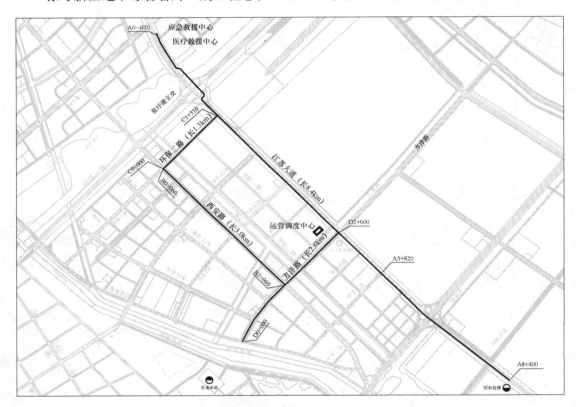

图 4-1 徐圩新区地下综合管廊一期工程系统布置图

江苏大道（应急救援中心—徐圩污水处理厂北侧，8.4km），采用 3 舱和 4 舱结构，其中 3 舱结构有两种布置形式，一种为电力舱、热力舱和综合舱，其截面宽度为 10.40m，高度为 4.35m。另一种为电力舱和两个综合舱，其截面宽度为 13.30m，高度为 4.60m。4 舱结构布置有电力舱、燃气舱和两个综合舱，其截面宽度分为 15.35m 和 13.85m 两种形式，高度均为 4.6m。

西安路（环保二路—方洋路，3.0km），采用 2 舱结构，分为综合舱、电力舱，其横截面宽度分为 7.45m 和 6.55m 两种，高度分别为 4.05m 和 4.15m。

环保二路（西安路—江苏大道，1.3km），采用 2 舱结构，分为综合舱、电力舱，其横截面宽度分为 7.45m 和 6.55m 两种，对应高度分别为 4.05m 和 4.15m。

方洋路（乌鲁木齐路—江苏大道，2.6km），采用 3 舱结构，分为综合舱、电力舱和给水舱，其横截面宽度分为 14.90m 和 13.80m，高度均为 4.60m。

地下综合管廊运营调度中心设于江苏大道和方洋路交叉口的西北角处，占地面积为 3600m²。

2. 通向徐圩港管廊预留接口

地下综合管廊延伸至徐圩港段的管廊考虑容纳电力线缆、通信线缆和给水管线，间或有人员通道，管廊宽 6～7m，高 4.8m。

根据徐圩港建设需要，结合徐圩新区地下综合管廊一期工程规划方案和现状条件，提出地下综合管廊延伸至港区三个接口方案，即江苏大道与张圩港河路交叉口东北角、江苏大道与方洋路交叉口西南角和江苏大道与疏港大道交叉口西北角。对三个方案进行工程可行性比较和经济比较后，选择第一方案。

方案一优势在于接口位于江苏大道以东，将来再建管廊无须跨江苏大道（此段亦为 G228 国道），实施难度小，且通到徐圩港核心区的距离最短，工程费用低。

3. 地下综合管廊各类出口统计

本管廊工程共设计人员疏散口、通风口、引出口和投料口等四种出口，分布在 4 条地下综合管廊中，共计 152 处，见表 4-1。

管廊各类出口统计表　　　　　　　　　　　　　　　　　　表 4-1

	江苏大道	方洋路	环保二路	西安路	合计
人员疏散口（个）	8	2	1	0	11
通风口（个）	24	8	3	5	40
引出口（个）	24	8	5	8	45
投料口（个）	35	11	4	6	56
总计（个）	91	29	13	19	152

4.1.2　入廊管线分析

1. 电力管线

随着城市经济综合实力的提升及对城市环境整治的严格要求，目前在国内许多大中城市都建有不同规模的电力隧道和电缆沟。电力管线从技术和维护角度而言纳入地下综合管廊已经没有障碍。

大量的高压电缆进入管廊，在通风降温、防火防灾等方面需重点考虑。在进行断面设置时，将 220kV、110kV 高压电缆单独置于一个舱室，将 10kV 及以下高压电缆与通信、给水管线置于同一个舱，这样保证了超高压电缆的安全运行和维护管理，高压电缆与其他管线同舱，不会对其他管线产生影响，在满足安全的操作空间的情况下，各种管线可以独立正常地运行。

本工程高压电缆入廊数量见表 4-2。

电力入廊数量汇总表　　　　　　　　　　　　表 4-2

建设道路	江苏大道				西安路	环保二路	方洋路	
	应急指挥中心—张圩港河北岸	张圩港河北岸—张圩港立交	张圩港立交—环保九路	环保九路—污水处理厂			创业大道—西安路	西安路—江苏大道
10kV	12 回	12 回	12 回	12 回	12 回	12 回	12 回	12 回
110kV	4 回	4 回	4 回	4 回	2 回	无	无	无
220kV	4 回	4 回	4 回	4 回	2 回	无	无	无

2. 给水管线

供水管道传统的敷设方式为直埋，管道的材质一般为钢管、球墨铸铁管等。将供水管道纳入地下综合管廊，有利于管线的维护和安全运行。为了便于吊装，地下综合管廊的供水管线可采用轻质管材。另外，供水管道纳入地下综合管廊还需要解决防腐、结露等技术问题。

本工程给水管线入廊情况见表 4-3。

给水入廊情况汇总表　　　　　　　　　　　　表 4-3

建设道路	江苏大道				西安路	环保二路	方洋路	
	应急指挥中心—张圩港河北岸	张圩港河北岸—张圩港立交	张圩港立交—环保九路	环保九路—污水处理厂			创业大道—西安路	西安路—江苏大道
给水管线	DN800	DN800	DN800	DN800	DN600	DN500	DN1800+DN1800	DN1000+DN1600

3. 污水管线

污水管线在一般情况下均为重力流，管线按一定坡度埋设，埋深较深，其对管材的要求较低。地下综合管廊的敷设一般不设纵坡或纵坡很小，如果污水管线进入地下综合管廊，地下综合管廊就必须按一定坡度进行敷设以满足污水的输送要求。另外，污水管需防止管材渗漏，同时，污水管还需设置透气系统和污水检查井，管线接入口较多，若纳入地下综合管廊，就必须考虑其对地下综合管廊方案的制约以及相应的结构规模扩大化等问题。

本工程污水管线入廊情况见表 4-4。

污水入廊情况汇总表　　　　　　　　　　　　表 4-4

建设道路	江苏大道				西安路	环保二路	方洋路	
	应急指挥中心—张圩港河北岸	张圩港河北岸—张圩港立交	张圩港立交—环保九路	环保九路—污水处理厂			创业大道—西安路	西安路—江苏大道
污水管线	DN800	无	DN600/DN800	DN600/DN800	DN400	无	无	无

4. 中水管线

中水是指各种污水经处理后，达到规定的水质标准，可在生活、市政、环境等范围内杂用的非饮用水，所以中水管同给水管一样，纳入地下综合管廊有利于维护和安全运行。但由于是回用水，所以对管道和防腐的要求相对较低。

本工程中水管线入廊情况见表 4-5。

中水入廊情况汇总表　　　　　　　　　　　　　　　　　表 4-5

建设道路	江苏大道				西安路	环保二路	方洋路	
	应急指挥中心—张圩港河北岸	张圩港河北岸—张圩港立交	张圩港立交—环保九路	环保九路—污水处理厂			创业大道—西安路	西安路—江苏大道
中水管线	DN1000	无	DN400	DN1350	DN300	DN300	无	无

5. 热力管线

由于供热管道维修比较频繁，因而国外大多数情况下将供热管道集中放置在地下综合管廊内。供热及供冷管道进入地下综合管廊并没有技术问题，但这类管道的外包尺寸较大，进入地下综合管廊时要占用相当大的有效空间，对地下综合管廊工程的造价影响明显。

本工程热力管线入廊情况见表 4-6。

热力入廊情况汇总表　　　　　　　　　　　　　　　　　表 4-6

建设道路	江苏大道				西安路	环保二路	方洋路	
	应急指挥中心—张圩港河北岸	张圩港河北岸—张圩港立交	张圩港立交—环保九路	环保九路—污水处理厂			创业大道—西安路	西安路—江苏大道
热力管线	DN600	DN600	DN600	无	无	DN500	无	无

6. 通信管线

目前国内通信管线敷设方式主要采用架空或直埋两种。架空敷设方式造价较低，但影响城市景观，而且安全性能较差，正逐步被埋地敷设方式所替代。

通信管线纳入地下综合管廊需要解决信号干扰、防火防灾等技术问题。随着通信光纤的发展，通信光缆直径小、容量大，进入地下综合管廊已不存在任何技术问题。

7. 燃气管线

燃气管线进入地下综合管廊，应采取多种措施，确保管线运营安全可靠。规范规定：天然气管道应在独立舱室内敷设；含天然气管道舱室的地下综合管廊不应与其他建（构）筑物合建；天然气管道舱室地面应采用撞击时不产生火花的材料；天然气调压装置不应设置在地下综合管廊内；天然气管道分段阀宜设置在地下综合管廊外部，若分段阀设置在地下综合管廊内部，应具有远程关闭功能；天然气管道舱内的电气设备应符合《爆炸危险环境电力装置设计规范》GB 50058—2014 有关爆炸性气体环境 2 区的防爆规定；天然气管道舱内的检修插座应满足防爆要求，且应在检修环境安全的状态下送电等。

天然气管道舱应设置可燃气体探测报警系统，并应符合下列规定：

（1）天然气报警浓度设定值（上限值）不应大于其爆炸下限值（体积分数）的20％；

（2）天然气探测器应接入可燃气体报警控制器；

（3）当管道舱天然气浓度超过报警浓度设定值（上限值）时，应由可燃气体报警控制器或消防联动控制器，启动天然气舱事故段分区及其相邻分区的事故通风设备；

（4）紧急切断浓度设定值（上限值）不应大于其爆炸下限值（体积分数）的25％；

（5）应符合现行国家标准《城镇燃气设计规范》GB 50028和《火灾自动报警系统设计规范》GB 50116的有关规定。

本工程燃气管线入廊情况见表4-7。

燃气入廊情况汇总表 表 4-7

| 建设道路 | 江苏大道 | | | | 西安路 | 环保二路 | 方洋路 | |
	应急指挥中心—张圩港河北岸	张圩港河北岸—张圩港立交	张圩港立交—环保九路	环保九路—污水处理厂			创业大道—西安路	西安路—江苏大道
燃气管线	DN350	无	DN350	DN350	无	无	无	无

徐圩新区地下综合管廊一期工程设计兼顾化工事故疏散救援，要做到"平时排管、灾时疏散"。入廊管线主要有电力、通信、给水、污水、热力、中水和燃气，所有入廊管线汇总见表4-8。

入廊管线汇总表 表 4-8

建设道路	起止点	给水管	原水管	中水管	电力电缆	通信管线	热力管线	燃气管线	污水管线	建设长度（km）
江苏大道	应急中心—张圩港河北岸	DN800	无	DN400	220kV(4回) 110kV(4回) 10kV(12回)	12回	DN600×2	DN350	DN800	0.8
	张圩港河北岸—张圩港立交	DN800	无	DN400	220kV(4回) 110kV(4回) 10kV(12回)	12回	DN600×2	无	无	0.8
	张圩港立交—环保九路	DN800	无	DN400	220kV(4回) 110kV(4回) 10kV(12回)	12回	DN600×2	DN350	DN600/DN800	4.3
	环保九路—污水处理厂	DN800	无	DN400	220kV(4回) 110kV(4回) 10kV(12回)	12回	无	DN350	DN600/DN800	2.5

建设道路	起止点	给水管	原水管	中水管	电力电缆	通信管线	热力管线	燃气管线	污水管线	建设长度（km）
西安路	环保二路—方洋路	DN600	无	DN300	110kV（4 回）10kV（12 回）	12 回	无	无	DN400	3.0
环保二路	创业大道—江苏大道	DN500	无	DN300	10kV（12 回）	12 回	DN500×2	无	无	1.3
方洋路	水厂—西安路	DN1800×2	DN1200	无	110kV（4 回）、10kV（12 回）	12 回	无	无	无	1.4
方洋路	西安路—江苏大道	DN1600+DN1000	DN1200	DN300	110kV（8 回）、10kV（12 回）	12 回	无	无	无	1.2

4.1.3　入廊管线布置

地下综合管廊内管线布置首先要考虑管线的安全，使得各管线之间的相互影响控制在安全范围内，在这一前提下实现横断面的节约与高效利用。相关管线之间的影响详见表4-9，在管线布置时应予以慎重考虑。

地下综合管廊收容管线相互影响关系表　　　　表 4-9

管线种类	供水管	排水管	燃气管	电力管	通信管	热力管
给水管	—	○	√	○	×	×
排水管	○	—	√	○	×	×
燃气管	√	√	—	√	√	√
电力管	○	○	√	—	×	√
通信管	×	×	√	×	—	×
热力管	×	×	√	√	×	—

注：√表示有影响，○表示其影响视情况而定，×表示毫无影响。

管线的相互影响以及由此带来的安全问题是早期规划建设地下综合管廊的主要顾虑之一。根据国内外多年的实践与经验积累，地下综合管廊内的管线通过合理的空间安排与布置，并采取适当的防护措施可以实现安全使用。应重视的管线主要有电力电缆、热力管线以及燃气管线。

电力电缆由于其输送电压等级的不同对周围环境的影响存在较大差异，特别是对于220kV 以上的超高压电缆，其布置方式应充分考虑安全性以提供足够的空间，避免对人员以及其他管线的影响。同时，电力电缆对电信缆线存在电磁干扰问题，在布置上应考虑适当的间距。一般而言，城市内的电力缆线多为 110kV 以下的配电线，其安全性比较容易控制。

热力管线由于其输送热介质会带来地下综合管廊内的温度升高,从而造成安全影响,在管线布置上应将热力管线与热敏感的其他管线保持适当的间距或分室收容。热力管线比较适合与给水、污水、中水等管线共室收容。

燃气管线是否收容于地下综合管廊内在国际上曾有过争议,在日本和我国台湾地区有收容燃气管线,而在欧洲国家一般没有收容。根据日本和我国台湾地区的经验,燃气管线在布置上一般单独占用一舱,不与其他管线共舱,以减少其他管线对燃气管的干扰。

4.1.4 标准断面布置

地下综合管廊标准横断面特征要素包括断面大小、断面形状和分舱状况等。断面大小主要取决于地下综合管廊的类型、道路地下空间的限制、收容管线的种类与数量。断面大小应该保证管线的合理间距、相关的工作空间、相关设备的布置,并考虑管线扩容需求等。断面形状可结合施工方法考虑,以方便、合理、经济为宜,采取开挖现浇工法的多为矩形结构,采取盾构工法的一般为圆形结构。分舱状况主要考虑管线之间的相互影响,保证管线的安全,同时考虑接出、引入、分歧等的便利性。

地下综合管廊标准横断面确定的原则:

(1)尽可能地将道路下所有市政管线纳入地下综合管廊,以保证地下综合管廊的使用效率;

(2)各类管线设置合理,不相互干扰,保证地下综合管廊安全运行;

(3)各管线部门认可管线布置方案,承诺进入地下综合管廊,保证日后综合管廊的运行维护;

(4)横断面大小和施工方案与项目建设环境相适应;

(5)在地下综合管廊使用效率、工程造价、建设周期和管道收益之间取得平衡。

地下综合管廊标准横断面应根据各路段下的管廊类型、入廊管线情况等来合理布置。徐圩地下综合管廊建有主干型地下综合管廊、次干型地下综合管廊及支线地下综合管廊。其断面布置原则按照《城市综合管廊工程技术规范》GB 50838—2015 的要求布置,针对本产业区特点,布置原则如下:

(1)江苏大道作为疏散主通道(贯穿三个区域),将给水综合舱内部人员通行宽度加大至 1.8~2.0m。

(2)热力管可与污水管线共舱,无污水管线段独立成舱。

(3)高压线数量较多,需单独设舱。

(4)天然气纳入管廊内应独立设舱。天然气管道舱室的排风口与其他舱室的排风口、进出口、人员疏散口以及周边建(构)筑物口部距离不应小于10m。天然气管道舱室的各类孔口不得与其他舱室连通。

(5)给水管、中水可与中压通信合舱布置。

（6）地下综合管廊的埋深对地下综合管廊的工程造价影响较大，因此，在满足外部条件下，尽量采用浅埋方式敷设。徐圩新区地下综合管廊的覆土厚度平均为2.5m。

江苏大道、西安路、方洋路、环保二路的标准断面经过多种方案比较，最终确定断面如图4-2～图4-9所示。

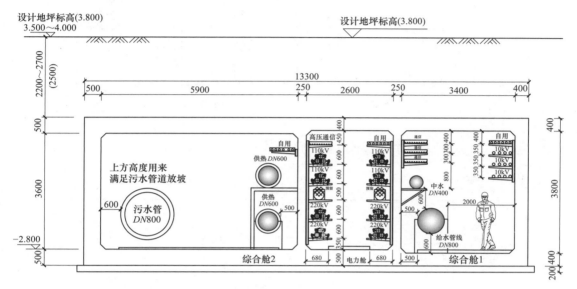

图 4-2　江苏大道标准断面（应急指挥中心—张圩港河北岸）

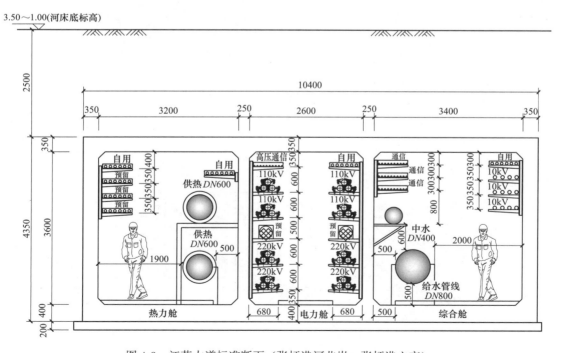

图 4-3　江苏大道标准断面（张圩港河北岸—张圩港立交）

27

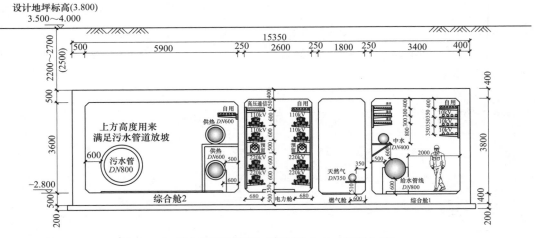

图 4-4　江苏大道标准断面（张圩港立交—环保九路）

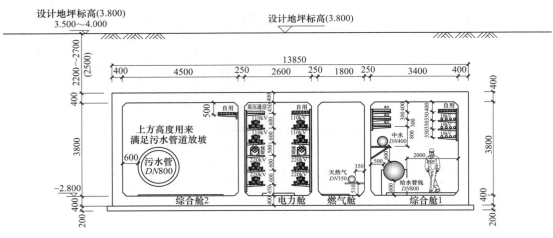

图 4-5　江苏大道标准断面（环保九路—污水处理厂）

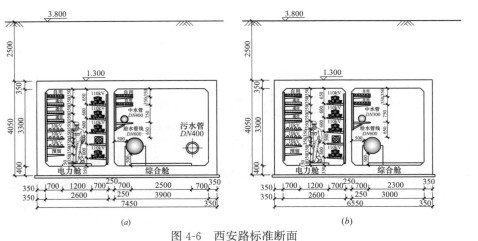

(a)　　　　　　　　　　　　　　(b)

图 4-6　西安路标准断面

（a）环保二路—环保五路；（b）环保五路—方洋路

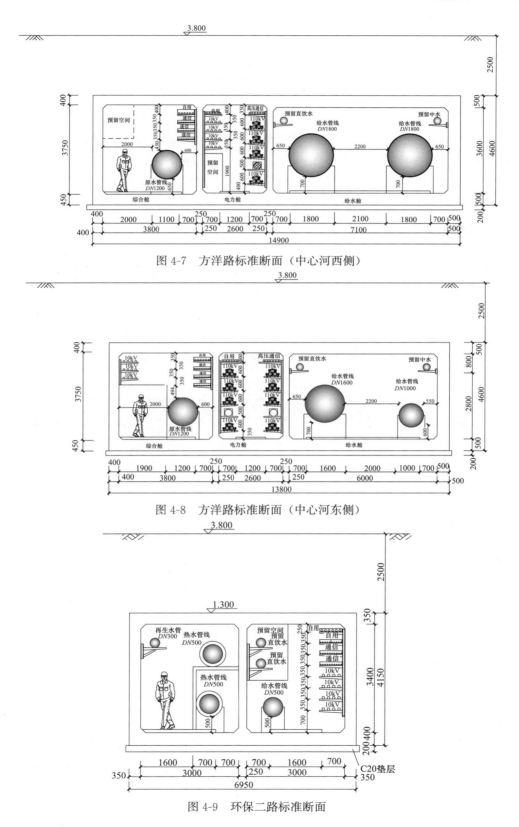

图 4-7　方洋路标准断面（中心河西侧）

图 4-8　方洋路标准断面（中心河东侧）

图 4-9　环保二路标准断面

4.2 软土地基处理设计

徐圩新区地下综合管廊位于道路非机动车道及绿化带下，标准断面埋深约 6～7m。不考虑道路车辆荷载时基底反力为 70kPa，过路段考虑上部作用道路车辆荷载时基底反力约为 90kPa。非标准段交叉口埋深约 11～14m，共 6 个。基底反力约为 120kPa。

4.2.1 地质情况

根据工程勘察报告，徐圩新区地下综合管廊涉及土层的工程特性见表 4-10。场区内普遍存在淤泥层，厚度大，含水量高，强度低，压缩性高，灵敏度较高，侧向稳定性差，有欠固结特性，为特殊性工程地质层，在基坑开挖过程中易发生坍塌，对基坑稳定性影响较大，要引起重视。基坑开挖时需采取一定的支护措施，防止坍塌。设计时，需验算承载力及沉降变形量是否满足规范要求，不满足要求时，应进行地基加固处理。

岩土各层设计参数一览表　　　　　　　　　　表 4-10

土层编号	土层名称	承载力特征值 f_{ak}(kPa)	压缩模量 E_s(MPa)	土与沉井外壁的单位摩阻力 F(kPa)	抗拔系数	触变泥浆减阻混凝土管管壁摩擦阻力 (kN/m²)
①-1	素填土	—	—	—	—	—
②	黏土	55	2.80	12	0.65	4
③	淤泥	45	1.70	10	0.60	3
④-1	含钙核粉质黏土	180	4.80	26	0.75	9
④-2	粉质黏土	150	4.20	25	0.75	7
④-3	粉土	170	10.50	26	0.70	8
④-4	粉质黏土	160	4.80	26	0.75	7
⑤-1	粉土	190	8.90	27	0.70	10
⑤-2	粉细砂	200	12.00	24	0.72	11
⑥-1	粉质黏土	180	5.90	28	0.75	9
⑥-2	粉质黏土	210	4.30	32	0.75	10
⑦-1	粉土	200	9.80	28	0.70	8
⑦-2	粉细砂	230	16.00	25	0.72	11
⑦-3	粉质黏土	200	5.50	31	0.75	9

根据规范要求，对线路沿线 20m 内分布的④-3 层粉土、⑤-1 层粉土、⑤-2 层粉细砂进行了液化判别，根据选择最不利孔标贯判定结果，综合判定④-3 层粉土、⑤-1 层粉土、⑤-2 层粉细砂均为不液化土层。场地可不考虑地震液化的影响。

4.2.2　设计原则

（1）地下综合管廊基础等级为乙类。

（2）地下综合管廊整体沉降控制在 200mm 以内，差异沉降控制在 $0.005L$（L 为伸缩缝间管廊的长度）。

4.2.3　方案比选

根据现有地质资料，徐圩新区地下综合管廊可采用以下五种地基处理方案：

1. 水泥土搅拌桩处理

优点：施工方便，施工周期短，费用中等。对于荷载较小、沉降要求低的大面积加固适用性较好，可有效地和基坑坑底加固结合设计。

缺点：厚度较大的软土地基，工程后期沉降偏大，施工质量变异较大，沉降控制一般。

2. 小直径 PHC 桩或方桩处理

优点：施工方便，费用便宜，技术成熟，施工质量容易控制。

缺点：沉降一般，成桩施工时穿越淤泥层容易偏移，对施工控制要求较高。

3. PHC 桩（防腐型）基础

优点：预制管桩桩身强度高，施工速度快，成桩质量稳定，处理深度深，单桩承载力较高，适用性广，工后沉降小。相对于钻孔灌注桩，桩周土提供的侧摩阻力大，桩基持力层端承力高，造价便宜。

缺点：施工过程中会产生部分挤土效应，桩长较长，对施工控制要求较高。

4. 钻孔灌注桩

优点：钻孔灌注桩施工经验成熟，场地适应能力强。

缺点：施工速度较慢，施工过程中易引起环境污染，造价较贵。

地基处理造价估算对比表　　　　　　　　　表 4-11

方案	水泥土搅拌桩	小直径 PHC 桩	PHC 桩	钻孔灌注桩
万元/km	965	800	1300	2200

徐圩新区地下综合管廊分为标准段及重要节点段，标准断面段多位于道路边绿化带下，可对淤泥层进行水泥土搅拌桩复合地基处理的方式进行加固。重要节点段位于机动车道下，需根据道路等级要求进行针对性的 PHC 桩桩基处理以满足管廊上部的道路承载力要求。各种地基处理方案造价估算对比见表 4-11。

4.2.4　地基处理设计

标准段基地位于深厚淤泥地段，采用水泥搅拌桩（粉喷）加固处理，$\varphi500@1000$，加固深度 12m，采用 42.5 级的普通硅酸盐水泥，水泥掺量按试桩确定。搅拌桩加固体要求 28d 无侧限抗压强度：$q_u \geqslant 0.9$MPa。地基处理布置图如图 4-10 所示。

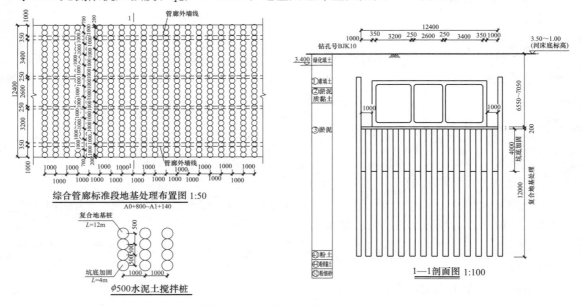

综合管廊标准段地基处理布置图 1:50
A0+800~A1+140

图 4-10　标准段地基处理布置图

4.2.5　地基不均匀沉降措施

标准段与普通投料、引出、通风等节点由于断面和埋深基本一致，因此底板反力接近，理论上产生不均匀沉降的可能性极小。在水泥土搅拌桩复合地基处理的基础上，设置 200mm 厚 C20 素混凝土垫层可有效控制地下综合管廊的不均匀沉降。

标准段与交叉口节点地基处理形式不同，通过设置褥垫层及池壁抗剪键等构造措施协调变形。

4.3　基坑工程支护设计

徐圩新区地下综合管廊基坑开挖深度为标准断面埋深约 6~7m；通风、投料口、管线引出口埋深约约 6~7m；交叉口埋深约 11~14m，共 7 个；倒虹吸段顶部距河底或上部障碍物净距约 2.5m，埋深约 10~11m。

建设场地属海积平原地貌单元。场地地形较为平坦，地表标高＋2.83~＋3.17m。地下水位变化幅度为：丰水期＋2.60m，枯水期＋2.00m。

基坑开挖土层设计参数见表 4-12，主要设计土层工程性质如下：

（1）素填土，呈松散状态，土层不均匀，为高压缩性土层，工程性质较差。

（2）淤泥质黏土，呈流塑状态，土层均匀，为高压缩性土层，工程性质较差。

（3）淤泥，呈流塑状态，土层均匀，为高压缩性土层，工程性质很差。

基坑设计参数表

表 4-12

层号	名称	重度 (kN/m^3)	直剪快剪		固结快剪		静止侧压力系数 K_0	渗透系数建议值 (cm/s)	
			$C(kPa)$	$\Phi(°)$	$C(kPa)$	$\Phi(°)$		垂直 K_V	水平 K_H
②	黏土	17.9	20.9	4.6	29.0	11.0	0.55	$4.2×10^{-7}$	$4.6×10^{-7}$
③	淤泥	16.1	6.6	2.0	11.0	6.0	0.60	$1.9×10^{-6}$	$2.0×10^{-6}$
④-1	含钙核粉质黏土	19.5	42.0	13.4	36.0	15.0	0.42	$1.2×10^{-6}$	$1.3×10^{-6}$
④-2	粉质黏土	19.4	42.0	16.2	42.0	16.0	0.45	$1.0×10^{-6}$	$4.0×10^{-6}$
④-3	粉土	19.5	10.5	24.1	12.0	32.0	0.45	$1.3×10^{-4}$	$1.4×10^{-4}$
④-4	粉质黏土	19.6	30.2	14.3	41.0	17.0	0.40	$2.0×10^{-6}$	$5.0×10^{-6}$
⑤-1	粉土	19.5	10.0	23.0	11.0	28.0	0.45	$1.0×10^{-4}$	$4.0×10^{-4}$
⑤-2	粉细砂	20.0	—	—	—	—	0.35	$1.0×10^{-3}$	$4.0×10^{-3}$
⑥-1	粉质黏土	19.6	29.4	14.3	34.0	19.0	0.40	$2.0×10^{-6}$	$5.0×10^{-6}$
⑥-2	粉质黏土	19.1	35.0	13.3	43.0	15.0	0.40	$2.0×10^{-6}$	$4.0×10^{-6}$
⑦-1	粉土	19.6	11.0	24.7	10.6	28.0	0.45	$1.0×10^{-4}$	$4.0×10^{-4}$
⑦-2	粉细砂	20.1	—	—	—	—	0.35	$1.0×10^{-3}$	$4.0×10^{-3}$

4.3.1　设计原则

基坑支护设计应规定其设计使用期限。基坑支护的设计使用期限不应小于一年。应满足下列功能要求：

（1）保证基坑周边建（构）筑物、地下管线、道路的安全和正常使用。

（2）保证主体地下结构的施工空间。

（3）标准段开挖深度约 7m（下穿河道及交叉口 8～12m），基坑深度 7～12m 为二级基坑，基坑深度大于 12m 或邻近重要构筑物（立交、铁路等）为一级基坑。

（4）土质条件较差，坑底大部分位于深厚淤泥质土中，土层渗透系数较小，出水量不大，局部微承压水埋深较浅，加深段需降压处理。

（5）周边无管线（局部有高压线影响，根据供电部门要求进行特别处理），但与周边道路及桥梁交叉施工，支护结构一旦失效后果严重。

（6）管廊主体宽度 6～14m，为地下现浇钢筋混凝土结构，采用整体板基础。平面上为狭长基坑。

4.3.2　基坑方案比选

基坑断面位于厚淤泥层内，根据淤泥层的工程地质条件，基坑处理形式有如下四种施工方案：

1. 水泥搅拌桩重力式挡土墙

水泥搅拌桩重力式挡土墙基坑一般开挖深度不大于 6m，地下综合管廊标准段深度达 7m，基坑变形不易控制。如果采用水泥搅拌桩重力式挡土墙，可结合道路路基施工，对基坑顶部 2m 深的土体进行大面积卸载，保证重力式挡土墙段基坑开挖深度小于 6m。

优点：施工方便，费用较低，适合各种平面形式的基坑，不需要做支撑，方便基坑内主体结构的施工。

缺点：土方量开挖较大，搅拌桩厚度大，基坑变形不易控制，并对施工场地及基坑深度有一定限制。

2. 板桩（拉森钢板桩）围护方案

板桩墙围护结构，常用的板桩形式有等截面 U 形、H 形钢板桩，并辅以深层井点降水。本工程降水难度大，可采用具有止水功能的钢板桩，如拉森钢板桩，如图 4-11 所示。

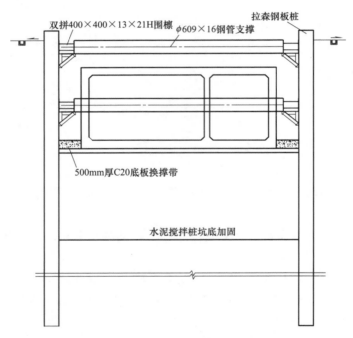

图 4-11　拉森钢板桩方案示意图

优点：施工方便，施工周期短，费用中等，技术成熟，基坑开挖深度较深。

缺点：墙体自身强度较低，需要增加水平撑或锚碇，对施工要求较高。

3. SMW 工法方案

SMW 工法是指在水泥土搅拌桩内插入芯材，如 H 形钢、钢板桩或钢筋混凝土构件等组成的复合型构件，如图 4-12 所示。

优点：墙体自身结构刚度较大，基础开挖引起的墙后土体位移较小，结构自身抗渗能力强，结合地下综合管廊的地基复合处理方式作为坑底加固，大大提高了基坑稳定性。

缺点：施工周期一般，设备较大，需要宽阔的施工场地，费用中等。

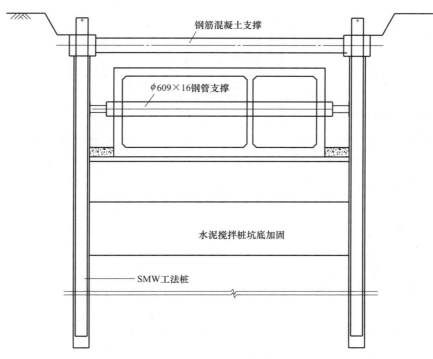

图 4-12　SMW 工法桩方案示意图

4. 钻孔灌注桩方案

钻孔灌注桩围护方案指采用钻孔灌注桩为围护结构，结合水泥土搅拌桩或高压旋喷桩止水帷幕的基坑围护方式，如图 4-13 所示。

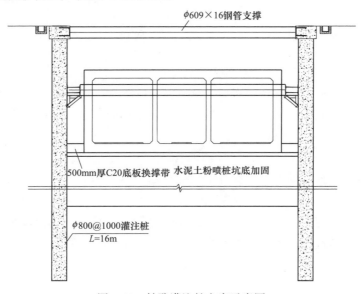

图 4-13　钻孔灌注桩方案示意图

优点：墙体自身结构刚度较大，基础开挖引起的墙后土体位移较小，两道止水抗渗能力强，施工要求较小，适合在净高不足、周边复杂的场地。

缺点：施工周期较长，费用较大等。

四种基坑支护造价估算对比见表 4-13。

基坑支护造价估算对比表 表 4-13

方案	水泥挡土墙	拉森钢板桩	SMW 工法桩	钻孔灌注桩
造价(万元/km)	720	800	1700	2000

通过上述施工方案的比较可以看出，各种基坑围护有相应的优缺点。结合本工程的土质和场地条件，复合地基的地基处理方式。地下综合管廊针对不同的埋深及基坑等级拟采用板桩（拉森钢板桩）、钻孔灌注桩法围护法。

4.3.3 基坑设计

标准段开挖深度约 7m 左右，多为二级基坑，断面形式简单，施工时间较短，因此采用板桩（拉森钢板桩）围护方案可充分发挥其优点，如图 4-14 所示。

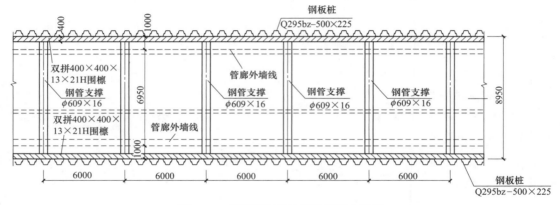

图 4-14 标准断面基坑围护平面布置图

交叉口、过河倒虹吸等特殊节点段埋深在 7～12m，或周边有堤岸等构筑物的基坑等级为二级基坑。由于其节点复杂，施工周期、基坑暴露时间较长，因此采用钻孔灌注桩法施工，如图 4-15、图 4-16 所示。

4.3.4 基坑施工避开现状道路

通过合理的地下综合管廊断面优化、地下综合管廊道路下方的合理布置、基坑等级定义、基坑支护方案的选择，本方案的基坑施工影响面都未涉及现状道路，可保证对现状道路不产生影响。

4.3.5 基坑施工避开河流

在方案研究时，对于管廊布置在方洋路的南侧还是北侧存在争议。但是为保证方洋路

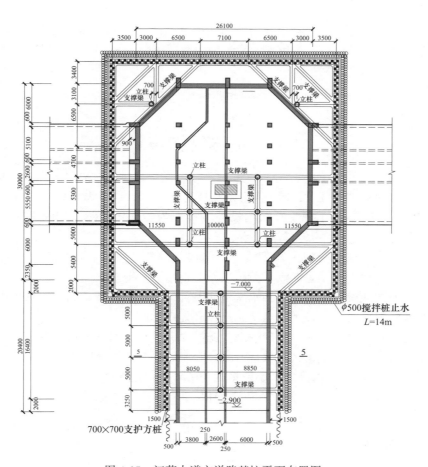

图 4-15　江苏大道方洋路基坑平面布置图

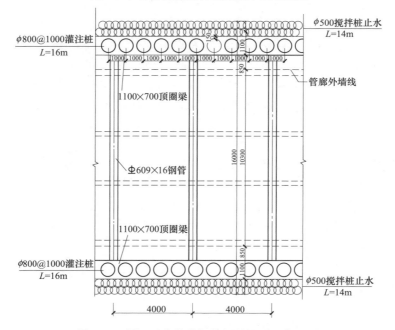

图 4-16　倒虹吸穿越张圩港河基坑平面布置图

安全，若管廊布置在方洋路北侧，则最外侧支护桩距离方洋河现状岸堤仅 2.5m。施工时基坑安全存在风险，基坑排水难度大，无法设置临时堆放场地。所以将管廊布置在方洋路南侧，距离现状道路边缘大于 12m。

4.4 主体结构设计

根据《建筑结构可靠度设计统一标准》GB 50068—2011、《城市综合管廊工程技术规范》GB 50838—2015，本工程管廊结构设计基准期为 100 年，使用年限为 100 年，结构重要性系数取值为 1.1。

地下综合管廊结构承受的主要荷载有：结构及设备自重、管廊内部管线自重、土压力、地下水压力、地下水浮力、汽车荷载以及其他地面活荷载。

根据沿线不同地段的工程地质和水文地质条件，并结合周围地面建筑物和构筑物、管线和道路交通状况，通过对技术、经济、环保及使用功能等方面的综合比较，合理选择施工方法和结构形式。设计时应尽量考虑减少施工中和建成后对环境造成的不利影响。

采用结构自重及覆土重量抗浮设计方案，在不计入侧壁摩擦阻力的情况下，结构抗浮安全系数 K_f>1.05，地下水最高水位取地面下 0.5m。结构构件应力求简单、施工简便、经济合理、技术成熟可靠，尽量减少对周边环境的影响。

4.4.1 设计标准

（1）主体结构安全等级为一级，混凝土裂缝控制标准：≤0.2mm。

（2）重点设防类地下综合管廊属于城市生命线工程，根据《建筑工程抗震设防分类标准》GB 50223—2008，抗震设防类别为重点设防类。本区抗震设防烈度为 7 度（第三组），设计基本地震加速度为 0.10g，根据国家《建筑抗震设计规范（2015 年版）》GB 50011—2010 划分标准，场地所在位置为对抗震不利地段。建设区地面下 20m 深度范围内无须要进行液化判别的土层，淤泥层波速大于 90m/s，根据《软土地区岩土工程勘察规程》JGJ 83—2011、《岩土工程勘察安全规范》GB 50585—2010，可不考虑其震陷影响。

（3）环境类别三 C 类。根据地下水化学成分分析，场地地下水在长期浸水的情况下，对混凝土结构腐蚀性腐蚀等级为"中"，在干湿交替的情况下，对混凝土结构腐蚀性腐蚀等级为"中"。对混凝土结构中的钢筋的腐蚀性：在长期浸水的情况下，腐蚀等级为"弱"；在干湿交替的情况下，腐蚀等级为"强"。建议按照相关的规定，采取有效措施，以增强混凝土抗腐蚀能力。环境类别定位为三 C 类。

4.4.2 工程材料

（1）主要受力结构采用 C45 防水钢筋混凝土，抗渗等级为 P8。

（2）钢筋混凝土及混凝土除满足强度需要外，还必须考虑抗渗和抗侵蚀的要求。

（3）地下综合管廊底部垫层采用 C20 素混凝土。

（4）主要受力钢筋一般采用 HRB400 级钢，其余采用 HPB300 级钢筋。

（5）钢结构构件一般采用 Q235B 钢。

4.4.3　结构上的作用

地下综合管廊结构上的作用，按其性质分为永久作用、可变作用和偶然作用三类，具体分类见表 4-14。在决定作用的数值时，应考虑施工和使用年限内发生的变化，根据现行国家标准及相关规范规定的可能出现的最不利情况确定不同荷载组合时的组合系数。

结构作用分类表 表 4-14

荷 载 分 类		荷 载 名 称
永久作用		土压力
		结构主体及收容管线自重
		混凝土收缩和徐变影响力
		预应力
		地基沉降影响
可变作用	基本可变作用	道路车辆荷载，人群荷载
		水压力
	其他可变作用	冻胀力
		施工荷载
偶然作用		地震荷载

注：1. 设计中要求考虑的其他作用，可根据其性质分别列入上述三类作用中。

2. 表中所列作用在本节未加说明者，可按国家有关规范或根据实际情况确定。

3. 施工荷载包括设备运输及吊装荷载、施工机具及人群荷载、施工堆载、相邻结构施工的影响等。对于采用明开挖的地下综合管廊结构，还应考虑基坑不均匀回填产生的偏土压力对地下综合管廊结构的影响。

结构设计时，对不同的作用应采用不同的代表值：对永久作用，应采用标准值作为代表值；对可变作用，应根据设计要求采用标准值、组合值或准永久值作为代表值。作用的标准值，应为设计采用的基本代表值。

结构承受两种或两种以上可变作用时，在承载力极限状态设计或正常使用极限状态按短期效应标准值设计，对可变作用应取标准值和组合值作为代表值。

当正常使用极限状态按长期效应准永久组合设计时，对可变作用应采用准永久值作为代表值。可变作用准永久值，应为可变作用的标准值乘以作用的准永久值系数。

土压力包含竖向土压力和侧向土压力，具体取值应根据地下综合管廊结构所处工程地质和水文地质条件、埋深、结构形式及其工作条件、施工方法及相邻结构间距等因素，结合已有的试验、测试和研究资料，按有关公式计算或依工程类比确定。

作用在地下综合管廊结构上的水压力，可根据施工阶段和长期使用过程中地下水位的变化，按静水压力计算或把水作为土的一部分计入土压力中。

结构主体及收容管线自重可按结构构件及管线设计尺寸计算确定。对常用材料及其制作件，其自重可按《建筑结构荷载规范》GB 50009—2012 的规定采用。

4.4.4 抗浮设计

在地下建筑中，抗浮设计是结构设计非常重要的一个环节，抗浮设计不当轻则造成工程造价上的巨大浪费，严重的会造成结构的破坏。本工程采用结构自重及覆土重量抗浮设计方案，在不计入侧壁摩擦阻力的情况下，结构抗浮安全系数 $K_f > 1.05$，地下水最高水位取地面下 0.5m。经计算管廊顶部覆土 2.5m 可满足标准段抗浮需要。

交叉口、投料口等特殊节点根据自重抗浮。在局部抗浮（截条计算）安全系数不满足条件时，可适当放松要求，只需要整体抗浮（节点自重）满足要求即可。

4.5 污水管线入廊设计

根据国家相关文件要求，管廊敷设道路处的污水管道必须入廊。地下综合管廊呈带状建设在城市道路两侧，由于尺寸巨大，不可避免会对道路下方雨水、污水等重力流管线造成影响。本工程一期建设的 4 条管廊中有 2 条道路规划敷设污水管道，分别是江苏大道和西安路。但是在污水管线入廊时，现有污水管线布局与管廊系统布局产生了分歧，特别是在管线高程方面。经过与污水规划单位沟通合作，采取压力流与重力流相结合的方式，合理地解决了管线高程、走向等方面的分歧。因此本书对污水管线入廊设计进行详述，以供参考。

4.5.1 江苏大道污水管线入廊方案

江苏大道有一根重力污水管，管径 DN800，沿线有污水提升泵站 2 座（2 号、3 号泵站）。根据规划，江苏大道入廊污水管线布置于徐圩大道至污水处理厂段，管廊内污水管作为收集干管按区块收集江苏大道两侧污水，现有的重力污水管道作为江苏大道东侧地块的污水收集支管，按区域汇入管廊内的污水干管。江苏大道管廊内污水管采用重力流和压力流结合的方式，其中重力流管径为 DN800，压力流管径为 DN600，充分利用纵坡和现有提升泵站，实现污水顺利输送。

管廊内污水管设计根据管廊的走向分为以下几段。

1. 徐圩大道至张圩港河段

徐圩大道至张圩港河段管廊布置于江苏大道东侧，因而将现状污水管线迁排入廊。本段污水管道始端距离管廊内顶净距为 0.6m。本段污水管线仅为道路污水管道预留接入口，不承接沿线地块污水。

2. 张圩港河至 2 号污水泵站段

管廊过张圩港河采用倒虹吸形式，为避让张圩港河立交桥的支墩，同时受到支墩宽度的影响，过张圩港河之前，污水管道需从管廊中分离出来，利用原有过张圩港河至 2 号泵站段管线过河并进入 2 号污水泵站。本段污水管不承接地块污水。

3. 2 号污水泵站至环保大道段

2 号泵站至环保大道采用 DN600 压力管，自 2 号污水泵站加压后，污水管道顶管过路，由江苏大道东侧至江苏大道西侧，后在管廊预留位置进入管廊，并通过压力管输送至环保大道处设置的消能井中。本段污水压力管随管廊起伏，距离管廊内底净距为 0.6m。本段污水管道不设支管接入口，原有道路东侧污水管线保留，用以收集江苏大道东侧地块污水。

4. 环保大道至 3 号污水泵站段

环保大道至方洋路为 DN800 重力管，坡度 0.0007，过方洋河时，与管廊同步倒虹吸，过方洋路后，污水管线自管廊分离，下穿管廊（下穿管廊部分预留管由管廊主体结构设计时预留）后，通过顶管穿越江苏大道，进入 3 号污水泵站。本段污水管道始端距离管廊内顶净距为 0.6m。本段沿线为环保大道、环保五路、环保六路污水管道预留接入口，本段污水管线不承接地块污水，原有道路东侧污水管线保留，用以收集江苏大道东侧地块污水，同时承接 2 号污水泵站至环保大道段北侧污水管道来水，并最终进入 3 号污水泵站。

5. 3 号污水泵站至环保八路

进入 3 号污水泵站的污水经过加压后，以 DN600 压力管的形式顶管过路，重新进入江苏大道西侧管廊中，并以 DN800 压力管的形式输送至环保八路处消能井释放。本段污水压力管随管廊起伏，距离管廊内底净距为 0.6m。本段污水管线不设支管接入口，原有道路东侧污水管线保留，用以收集江苏大道东侧地块污水，并通过原有过路管线进入管廊中污水主管。

6. 环保八路至 11 号泵站

环保八路后污水管线为 DN800 重力管，坡度 0.00065 随管廊一起通过纳潮河。本段污水管道始端距离管廊内顶净距为 0.6m。本段沿线为环保八路、环保九路、环保十路污水管道预留接入口，本段污水管线不承接地块污水，原有道路东侧污水管线保留，用以收集江苏大道东侧地块污水，并通过原有过路管线进入管廊中污水主管。

7. 11 号泵站至污水处理厂

11 号泵站至静脉二路为 DN600 压力管；静脉二路至污水处理厂为 DN800 重力管，坡度 0.00065。本段沿线为静脉支二路、钢铁大道污水管道预留接入口，本段污水管线不承接江苏大道两侧地块污水。

由于管廊采用全线标准断面，故管廊需在任意位置满足污水管道的安装、维护要求。江苏大道沿线污水管径为 DN600 和 DN800，管廊空间以最大管径计，即 DN800，污水管道距管廊内壁净距为 0.6m，考虑检查井等较大节点布置空间要求，污水管线布置空间取 2.3m。本段管廊内最大管道为污水管道，故而检修空间应以满足污水管道检修空间要求设置。污水管道单节长以 6m 计，壁厚 10mm，则管节重量大于 2t，法兰等节点处直径约为 1.6m，考虑运输时两侧净距为 0.4m，则需要检修通道宽度为 2.2m。

4.5.2 西安路污水管线入廊方案

西安路道路两侧各有 1 根 DN400 污水管线，无泵站等加压设施。西安路污水管定位为西安路与中心河之间区域的污水收集支管。根据规划，西安路入廊污水管线布置于环保二路至方洋河段，并以环保大道为界分为两段。具体布置方案如下：

1. 环保二路至环保大道段

本段污水管自西向东排放，管线始端距离管廊内顶净距取 0.5m，管径为 DN500，坡度 0.0015，主要收集北侧道路及地块污水。

2. 环保大道至方洋河段

本段污水自东向西排放，管线始端距离管廊内顶净距取 0.5m，管径为 DN500，坡度 0.0015，主要收集北侧道路及地块污水。

由于管廊采用全线标准断面，故管廊需在任意位置满足污水管道的安装、维护要求。西安路沿线污水管径为 DN500，管廊空间以最大管径计，即 DN500，污水管道距管廊内壁净距为 0.5m，考虑检查井等较大节点布置空间要求，污水管线布置空间取 1.2m。污水入廊，每 150～200m 设置一座检查井，顶部出地面，从廊外检修；每 60m 设置检查口一处，即管道三通，从廊内检修。本段管廊内最大管径为给水管，管径 DN600，满足给水管的检修空间即可满足本段污水管道的检修需求。

4.6 人员疏散通道设计

化工行业因其行业特殊性，一旦发生事故，将造成灾难性后果，给人民生命财产带来巨大损失。徐圩新区对此给予了高度重视，认为有必要在建设化工园区时，未雨绸缪、居安思危，积极采取措施，增强化工事故的应对能力，最大限度地减少化工事故造成的生命财产损失和社会影响。

徐圩新区地下综合管廊一期工程主要建设在节能环保科技园，管廊南端接近徐圩新区石化产业园。因此在管廊建设时，考虑利用地下综合管廊的自身条件，适度加宽地下综合管廊检修通道，使它达到人员疏散通道的标准，为石化产业园在发生灾难事故时，提供地下人员疏散通道。该通道既能保证事故发生区人员安全撤离，也能为事故救援人员提供安全通道。

4.6.1 风险识别

根据危险化学品事故可能造成的后果，将危险化学品事故分为：火灾事故，爆炸事故、易燃、易爆或有毒物质泄漏事故。在化工园区内，企业相对集中，企业的原材料、中间体和产品大多数为危险化学品，种类繁多，工艺复杂，这使得园区内重大危险源头数量多、密度大，存在着发生化工事故的可能性和现实性；同时，化工园区生产装置系统、储存系统和运输系统相对集中，一旦发生突发事故，往往是爆炸火灾相互引发，发展迅猛，致使毒物大量外泄，引发规模较大的连锁灾害。

徐圩新区建有石化产业园区，因此需结合区域建设规划，做好化工事故应急救援体系的建设工作。从地下综合管廊一期工程建设位置周边用地性质来看，江苏大道东为三类工业用地，西安路东和方洋路南为二类工业用地，其余地块主要为一类工业用地以及商业、居住用地。危险源主要聚集在三类工业用地位置，事故发生后容易连带附近的二类、一类工业用地，扩大事故范围，波及周边的商业、居住用地。

4.6.2　疏散救援功能定位

地下综合管廊在化工事故疏散救援工作中的意义体现在两个方面：
（1）保护内部市政管线不受灾害影响。
（2）作为疏散干道，为疏散及救援活动提供安全的连接通道。

地下综合管廊内部基础设施属城市生命线工程，如果遭到破坏会导致城市较大区域无法正常运转，造成巨大损失。修建于地表以下的综合管廊，具有天然的防护性能，可有效避免火灾高温、爆炸冲击对管廊内部基础设施的破坏，或降低破坏程度，增强恢复能力，缩短恢复时间。

化工事故发生以后，相关部门立即根据事故情况建立警戒区，并实行交通管制，此时，保障警戒区内外的交通通畅十分重要。人员疏散包括撤离和就地保护两种，在有足够的时间向群众报警、进行准备的情况下，组织群众通过地下疏散系统撤离是最佳保护措施。当撤离比就地保护更危险或撤离无法进行时，则只能采取就地保护措施。由地下综合管廊构建的疏散系统连通灾害发生区和安全区，能够为人员疏散提供较为安全的通道，增加人员疏散撤离的可实现性，避免人员就地掩蔽的潜在危险。同时，事故发生后，相关专业队伍可通过地下综合管廊内通道进入现场实施灾情调查、伤员搜救、应急处置等活动，避免横穿危险区。假如区域内有危险化学品泄漏扩散，应急救援指挥人员、医务人员和其他不进入污染区的应急人员应配备过滤式防毒面罩、防护服、防毒手套、防毒靴等，工程抢险、消防和侦查等进入污染区的应急人员应配备封闭型防毒面罩、防酸碱型防护服、空气呼吸器。染毒区域内，应尽量做好毒物的洗消工作（包括人员、设备、设施和场所），避免毒物交叉扩散。

4.6.3　人员疏散通道设计方案

徐圩新区地下综合管廊工程按由主到次的顺序分为主通道、次干道地下综合管廊两个等级，形成互联互通的区域防护格局。主通道作为医疗、指挥和人口密集区域的疏散通道，同时作为实施应急救援、抢险抢修等活动的连接通道，可缩短救援时间，并避开灾害发生后二次爆炸的进一步伤害。主干道内人员可通过次干道疏散到工程安全警戒范围以外，同时，次干道将地下综合管廊运营调度中心及应急指挥中心与主干道相连，便于调度消防等各方专业队伍开展活动，分布在人口较密的居住区及商住混合区，负责区域内人口的疏散转移，当地面疏散距离较远，或地面环境因火灾、毒剂泄漏等原因不适宜进行地面疏散活动时，人员可通过附近的地下综合管廊疏散到附近的安全区域，或经由主通道进行疏散掩蔽。

江苏大道连通石化产业园区、节能环保科技园区和城市配套功能区的主要干道，作为灾难疏散的主干道，起点位于徐圩新区应急指挥中心，设置地面及地下人员疏散口各一个，末端位于徐圩新区污水厂北侧绿化集散广场，沿线设置8个主要人员疏散口。方洋路连接灾害发生区和河对岸的人口密集区，且该段地下综合管廊断面较大，可作为疏散的次要干道。西安路作为一般地下综合管廊，地下综合管廊运营调度中心位于这西安路与环保大道的交叉位置，可用于灾害的应急指挥场所，次干道沿线设置3个次要人员疏散口，如图4-17所示。

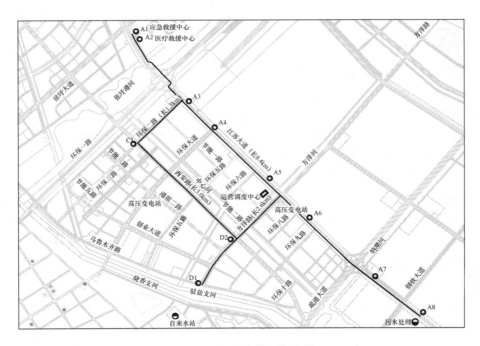

图4-17　人员疏散口布置图

根据建设区域4条道路规划管线情况，充分评价近期预留灾难疏散通道，远期兼顾城市管线发展空间，不会造成投资浪费。灾难疏散通道宽1.8～2.0m，高约2.2m，可满足3人并排通行。比较地下综合管廊按标准检修人员通道要求宽度1m和按人员疏散通道1.8～2m，土建造价仅增加6.4%，本方案按1.8～2.0m人员疏散要求设计地下综合管廊断面。

江苏大道作为主要的疏散通道，考虑将管廊内部的人形通道宽度由 1m 加宽至 2m。其余的次干线管廊的通道仍采用 1m 宽度。西安路在综合舱保留了足够的预留空间。方洋路在给水舱预留了灾难疏散通道，宽 2m。环保二路在综合舱 1 预留了灾难疏散通道，宽 1.8m。

根据地面道路分布情况，结合人员疏散规律，在人员容易聚集的道路交叉口处设主要疏散口，在某些必要位置设次要疏散口。口部宽度，主要疏散口取 1.3m，次要疏散口取 1.0m。

进入地下综合管廊的楼梯如图 4-18 所示。

图 4-18　进入地下综合管廊的楼梯

4.7　重要节点设计

为保证地下综合管廊内管线的安全、可靠运行，需设置大量附属设施设备，如风机、分变电所等，地下综合管廊需设置专门的节点给上述设施设备使用，同时为保证管廊内管线安装、更换、引出的要求，也需要设置专用节点。根据设计规范，通常每隔 200m 左右设置消防分区，每个消防分区布置有投料口、通风口、逃生口、引出口、配电设备间、排水坑、防火墙等各类节点。本工程设计进行了如下优化：

（1）将逃生口、投料口、通风口合并布置，通风口与配电设备间、防火墙合并布置，尽可能减少节点数量。

（2）通风区间设为 400m，减少通风口数量。

（3）投料口主要用于管线首次安装吊装，管线建成运营后，启用较少。方案优化投料口设计，每隔 200m 布置一个埋地式投料口（造价低，不露出地面，不影响地上绿化景观），每隔 800m 布置一个外露式投料口（服务半径为 400m，约为一卷电缆长度）。

（4）在满足规范要求的逃生间距前提下，将各节点尽可能相邻布置，这样可以延长标准段长度。根据徐圩新区地质条件，标准段采用拉森板桩支护，节点处需要用灌注桩支护，节点集中可以节省支护成本。

（5）标准段管廊相对连续，有利于降低建设成本。

4.7.1　投料口

地下综合管廊投料口主要功能为实现管线及设备投放，投料口的投料尺寸主要根据投料的管线规格确定。

人员逃生口可以结合投料口布置，根据规范要求人员逃生口尺寸不应小于 1m×1m，

图 4-19　投料口设计示意图

当为圆形时，内径不应小于 1m，逃生口设置爬梯，上覆专用防盗井盖，其功能应满足人员在内部使用时便于人力开启，且在外部使用时非专业人员难以开启，如图 4-19 所示。

投料口节点结合绿化隔离带布置，设计为低平式，不影响道路景观，并做好密闭防水措施。在外形设计上，投料口外部形式为景观花坛与小品结合的形式；以防腐木、钢化玻璃、各式面砖组成的花坛，上种灌木花草，在需要时，整个花坛与景观小品易于移除。

4.7.2　通风口

地下综合管廊通风口主要功能为保障地下综合管廊通风风机及其附属设施的安装及运行。地下综合管廊通风形式为机械进风、机械排风方式，如图 4-20 所示。

通风口的设置间距为约 200m（局部特殊情况除外），天然气管道舱室的排风口与其他舱室排风口、进风口与周边建筑物口部距离不应小于 10m，由于地下综合管廊布置在道路侧分带下方，故通风口与周围建筑物的口部基本能满足上述间距要求，后续地块开发过程中，也应严格控制与地下综合管廊燃气舱排风口的距离，且燃气舱排风口周边电气设施也应按照相关规范要求采取相应的防爆措施。

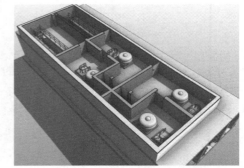

图 4-20　通风口设计示意图

通风口采用出地面的通风格栅与大气连通，为防止路面雨水倒灌，通风口有一定的出地面高度，一般为 500mm，可以满足地下综合管廊内各舱室内的安全使用要求。

地下综合管廊通风口布置在道路侧分带内，出地面的景观结合道路景观及绿化进行设计，在满足通风功能的前提下不影响周边景观效果。

4.7.3　管线引出口

地下综合管廊内部敷设有电力电缆、通信线缆、给水排水管线、热力管线、燃气管线等市政管线。这些管线除了担负起系统转输和连接功能外（如变电站间高压联络线、大口径输水、输气管道等），还承担着向周边地块接线的任务。

城市路网下基本都敷设有市政管线，形成市政管网。因此，与地下综合管廊相交的道路均会有相应的管线引出、引入。此外，一些大的地块用户也会直接需要市政管线的引入。因此，地下综合管廊除交叉路口需设置管线接出口外，每隔一定的距离也需要设置引出口，以方便用户的接管，避免接管过程再对道路进行大面积的开挖，如图 4-21 所示。

一般工业区用地地块边长为 400～600m，用地规模较大的企业临路地块边长约 200m，所以管线引出口按 200m 左右设置一处。

管线引出口处，各舱一般均有管线引出至相交道路或地块内。由于管廊各舱各自独立形成防火分区，因此各舱的引出口也各自独立不

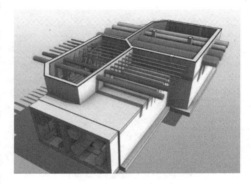

图 4-21　引出口设计示意图

连通。考虑到引出管线时不影响正常管线的敷设与运行，引出口处的管廊需进行加宽、加高处理，需引出的管线根据其敷设要求（转弯半径、阀门设备等）从原有管线上接出，通过接出口预埋的孔洞引出地下综合管廊，并敷设至地块。地下综合管廊接出口除了规划设计管线口，还应预留远期发展可能增加的管线接出口。

4.7.4　管廊交叉口

地下综合管廊交叉时要设置交叉口，要保证管线在交叉口位置能够在四个方向连通，如图 4-22 所示。交叉口是地下综合管廊中最重要的节点之一，管廊里的管线在此相会，有的管线在此截断，有的管线引出，有的管线连接到上（下）层管廊的相应舱室。中板开洞是交叉口设计的难点，洞口的大小要满足管线尺寸的要求，洞口的位置要满足"走线走人"的要求。"走线"即满足一些管线在弯折时转弯半径的要求，"走人"即满足维修人员通过时的要求。交叉口作为管廊中重要的特殊节点，还应充分满足抗浮的要求，在防火设

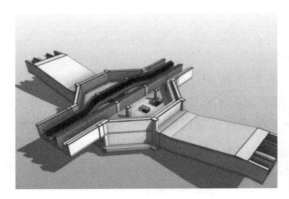

图 4-22　交叉口设计示意图

计中交叉口也有特殊的要求。此外，交叉口还需要合理地布置楼梯，充分的里程标识、方向标识，方便将来维修人员检测与维修。

4.7.5　人员疏散口

人员由疏散口进入地下综合管廊属垂直疏散。通常情况下，垂直交通组织形式主要是采用扶梯、楼梯、坡道和电梯的方式，如图 4-23 所示。结合本工程情况，口部垂直疏散采用楼梯即可，主要设置在绿化带内，与管廊内通道相连通。人员疏散口应距危险品储罐

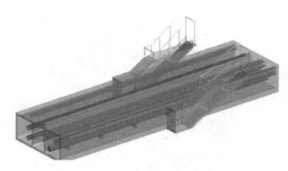

图 4-23　人员疏散口设计示意图

可往上喷绘宣传画或在孔洞粘贴宣传海报。

等危险源有一定距离，建议不低于 50m。人员疏散口应与附近建筑物保持一定距离，在建筑物倒塌范围内的疏散口应设置防倒塌棚架，以防建筑物在爆炸作用下倒塌，阻塞口部交通。

在外形设计上，采用仿木纹涂料、白色高级外墙涂料，再加上一定面积的钢化玻璃体量，使人员疏散口与绿化带景观很好地结合在一起，外立面上预留的装饰框

紧邻紧急救援中心的人员疏散口，露出地面部分设置在紧急救援中心旁的广场空地上，地下部分与管廊连通。在确保地下综合管廊使用功能和管线正常工作维修的前提下，可以兼做进管廊参观展示使用的人员疏散口。

4.8　防水防腐设计

4.8.1　防渗设计

在进行地下综合管廊结构防水设计时，严格按照《地下工程防水技术规范》GB 50108—2008 标准设计，防水设防等级为二级。在防水设防等级为二级的情况下，地下综合管廊主体不允许漏水，结构表面可有少量湿渍，总湿渍面积不应大于总防水面积的 1/1000；任意 $100m^2$ 防水面上的湿渍不超过 1 处，单个湿渍的最大面积不应大于 $0.1m^2$。

同时，按承载能力极限状态及正常使用极限状态进行双控设计，裂缝宽度不得大于 0.2mm，并不得贯通，以保证结构在正常使用状态下的防水性能。

地下综合管廊主体防渗的原则是"以防为主，防、排、截、堵相结合，刚柔相济，因地制宜，综合治理"。主要通过采用防水混凝土、合理的混凝土级配、优质的外加剂、合理的结构分缝、科学的细部设计来解决地下综合管廊钢筋混凝土主体的防渗。

地下综合管廊为现浇钢筋混凝土结构，根据大量的工程实践经验，分缝间距为 30m。这样的分缝间距可以有效地消除钢筋混凝土因温度、收缩、不均匀沉降而产生的应力，从而实现地下综合管廊的抗裂防渗设计。在节与节之间设置变形缝，内设橡胶止水带，并用低发泡塑料板和双组分聚硫密封膏嵌缝处理。此外，缝间设置剪力键，以减少相对沉降，保证沉降差不大于 30mm，确保变形缝的水密性。

在变形缝、施工缝、通风口、投料口、人员疏散口、预留口等部位，是渗漏设防的重点部位。通风口、投料口、人员疏散口设置防地面水倒灌措施。

1. 变形缝设计

变形缝的设计要满足密封防水、适应变形、施工方便、检修容易等要求。变形缝还要满足一定的尺寸要求，用于沉降的变形缝其最大允许沉降差值不应大于 30mm，变形缝处混凝土结构厚度不应小于 300mm，用于沉降的变形缝宽度宜为 50mm。

变形缝的防水采用复合防水构造措施，中埋式橡胶止水带与外贴防水层复合使用。变形缝的形式非常重要，一般有平接施工缝和咬口施工缝两种，平接施工缝一般适合用于承载力较好的地质情况，对外力的适应性较差，由于施工回填或钢板桩拔出导致的地基沉降差对变形缝的拉裂情况也比较普遍。咬口变形缝一般适用于地基承载力较差的地质情况，由于咬口的设计，使得变形缝的抗沉降差异能力大大增加。

2. 施工缝设计

现浇钢筋混凝土地下综合管廊地下箱涵结构，在浇筑混凝土时需要分期进行。施工缝均设置为水平缝，水平施工缝一般设置在地下综合管廊底板上 300～500mm 处。在施工缝中设计埋设钢板止水条。

3. 预埋穿墙管

在地下综合管廊中，多处需要预埋电缆或管道的穿墙管。根据预埋穿墙管的不同形式，分为预埋墙管和预埋套管。

穿越电缆及通信光缆的部位因为有各种规格的电缆或光缆需要从地下综合管廊内进出，根据以往地下工程建设的教训，该部位的电缆进出孔是渗漏最严重的部位。本次设计采用国际先进的专用电缆光缆标准橡塑预埋件，同时电缆或光缆的穿线往往不是一次完成的，在土建结构施工完成后，要很长的一段时间甚至几年后才会逐步完成电缆和光缆的穿线，故该预埋件需要满足不穿线时的防水问题，在需要穿线时要能方便取下预埋件并能分开后穿越缆线，同时还需要考虑远期缆线方便更换的问题。另外，由于穿越的是缆线，所以橡塑预埋件还需考虑防火的问题，考虑到电缆电流自身的特殊性，一般不能用钢制环形材料。

给水、中水、燃气等管线穿越地下综合管廊一般采用预埋套管的方法，套管的形式要选择防水性能好，有一定的抗变形能力的预埋套管做法。

此外，在各类孔口还需设细钢丝网，以防小动物爬入地下综合管廊。

4.8.2　防腐蚀设计

1. 基本原则

根据地质报告，徐圩新区所在地区环境类别为三 C 类，场地在长期浸水的情况下，混凝土结构的腐蚀等级为"中"。混凝土结构中的钢筋在干湿交替的情况下，腐蚀等级为"强"。而地下综合管廊设计年限为 100 年，耐久度要求高，因此对混凝土及钢筋需进行处理。

2. 混凝土防腐措施

根据规范要求除地下综合管廊整体采用 C45 的混凝土等级外，对地下综合管廊结构外侧迎水面一底二度防腐，有效防止水内氯离子等对混凝土的腐蚀。

4.9 安装及排水工程设计

4.9.1 消防系统

1. 江苏大道地下综合管廊

1）防火分区

本管廊收纳了电力、通信、给水、热力、中水、污水等市政管线，还包括相关的自用监控、照明、排水、通风等设施。江苏大道管廊全长约 8420m，共有 45 组消防分区，以防火墙配甲级防火门隔断。

综合舱 1、电力舱和燃气舱的舱室每隔 200m 采用耐火极限不低于 3.0h 的不燃性墙体进行防火分隔。防火分隔处的门应采用甲级防火门，管线穿越防火隔断部位应采用阻火包等防火封堵措施进行严密封堵。综合舱 2 结合通风分区要求每隔 400m 设置通风分隔，分隔做法同防火分隔。防火门尺寸应满足舱室内最大尺寸管道或阀件搬运要求，防火门可双向打开。

三舱消防布置如图 4-24 所示，四舱消防布置如图 4-25 所示。

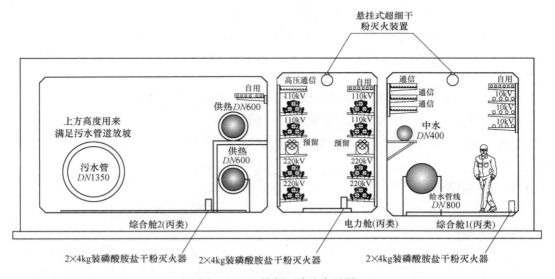

图 4-24　三舱断面消防布置图

综合管廊所有舱室沿线，人员疏散口、防火门处、投料口、通风口、逃生口、设备布置间、分变电所设置手提式磷酸铵盐干粉灭火器，灭火器的配置和数量按《建筑灭火器配置设计规范》GB 50140—2005 要求计算确定。舱室按严重危险等级，C 类火灾计算确定

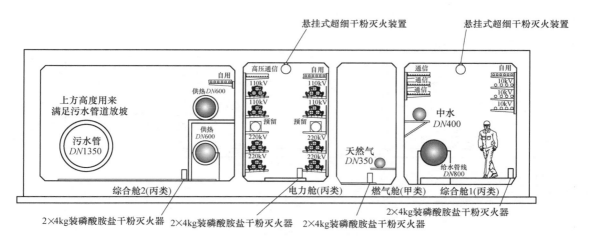

图 4-25　四舱断面消防布置图

灭火器数量，最大保护距离为 15m。综合舱 1、电力舱和综合舱 2 为丙类，舱室按中危险等级、E 类火灾计算确定灭火器数量，最大保护距离为 20m。每处设置 2 具，型号为 MF/ABC4，充装 4kg 灭火剂。

2）火灾灭火系统

根据《城市综合管廊工程技术规范》GB 50838—2015 第 7.1.9 条，在管廊综合舱 1 和电力舱设置火灾自动灭火系统，悬挂式超细干粉自动灭火装置，系统为全淹没式布置。

三舱断面分变电所超细干粉平面布置如图 4-26 所示，四舱断面分变电所超细干粉平面布置如图 4-27 所示。

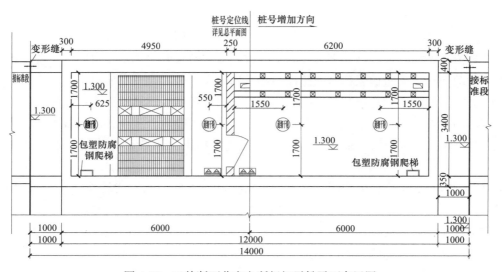

图 4-26　三舱断面分变电所超细干粉平面布置图

管廊内综合舱 1 和电力舱电缆采用阻燃或不燃电缆，监控与报警系统中的非消防设备的仪表控制电缆、通信电缆采用阻燃电缆，消防设备的联动控制电缆采用耐火线缆。

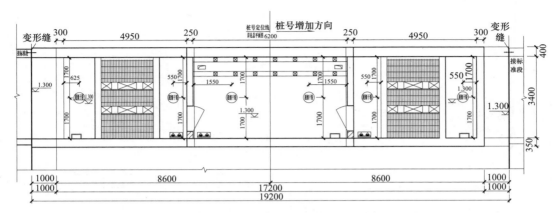

图 4-27　四舱断面分变电所超细干粉平面布置图

3）超细干粉自动灭火系统

本设计为超细干粉自动灭火系统，产品应得到公安部消防产品 3C 认证，灭火装置应具有 IP67 防护等级（防尘、防水）。保护对象为综合管廊内电力电缆，以综合管廊内划分的防火分作为一个防护区进行保护，系统采用全淹没灭火方式。管廊内其每台充装量 8kg。

本系统具有自动、手动两种控制方式。保护区均设有两种探测回路，当一种探测器发出火灾信号时，发出警报（警铃报警），指示火灾发生的部位，提醒工作人员注意；当两种探测器都发出火灾信号后，自动灭火控制器开始进入延时阶段（0～30s 可调），此阶段用于疏散人员（声光报警器等动作）和联动设备的动作（关闭通风、空调设备、防火卷帘门等）。延时过后，启动超细干粉灭火装置进行保护区灭火。若报警控制器处于手动状态，报警控制器只发出报警信号，不输出动作信号，由值班人员确认火警后，按下报警控制面板上的应急启动按钮或保护区门口处的紧急启动按钮，即可启动喷放超细干粉。

在防护区无人时，将自动灭火控制器内控制方式转换开关拨到"自动"位置、灭火系统处于自动状态。当防护区第一回路探测器发出火灾信号时，发出警报，指示火灾发生的部位，提醒工作人员注意；当第二路探测器发出火灾信号后，自动灭火控制器开始进入延时阶段，同时发出联动指令，关闭联动设备及防护区内除应急照明外的所有电源。自动延时 30s 向控制火灾区内所有的超细干粉灭火装置发出灭火指令，喷放超细干粉进行灭火作业。

在防护区有人工作或值班时，将自动灭火控制器内的控制方式转换开关拨到"手动"位置，灭火系统即处于手动控制状态。当防护区发生火情时，可按下自动灭火控制器内的手动启动按钮，或启动设在防护区门外的紧急启动按钮，即可按上述程序启动灭火系统，实施灭火。在自动控制状态下，仍可实现电气手动控制，手动控制实施前，防护区内的人员必须全部撤离。

当发生火灾警报，在延时内发现不需要启动灭火系统进行灭火的情况时，可按下自动灭火控制器上或手动控制盒内的紧急停止按钮，即可阻止灭火指令的发出，停止系统灭火程序。

2. 西安路地下综合管廊

1）防火分区

本综合管廊工程位于徐圩新区西安路，管廊收纳了电力、通信、给水、中水、污水等市政管线，还包括相关的自用监控、照明、排水、通风等设施。西安路管廊全长约 2993m，本工程共有 17 组消防分区，以防火墙配甲级防火门隔断（图 4-28）。

电力舱的舱室每隔 200m 采用耐火极限不低于 3.0h 的不燃性墙体进行防火分隔。防火分隔处的门应采用甲级防火门，管线穿越防火隔断部位应采用阻火包等防火封堵措施进行严密封堵。综合舱结合通风分区要求每隔 400m 设置通风分隔，分隔做法同防火分隔。防火门尺寸应满足舱室内最大尺寸管道或阀件搬运要求，防火门可双向打开。

综合管廊所有舱室沿线，人员出入口、防火门处、投料口、通风口、逃生口、设备布置间、分变电所设置手提式磷酸铵盐干粉灭火器，灭火器的配置和数量按《建筑灭火器配置设计规范》GB 50140—2005 要求计算确定。电力舱为丙类，综合舱为丁类，舱室按中危险等级、E 类火灾计算确定灭火器数量，最大保护距离为 20m。每处设置 2 具，型号为 MF/ABC4，充装 4kg 灭火剂。

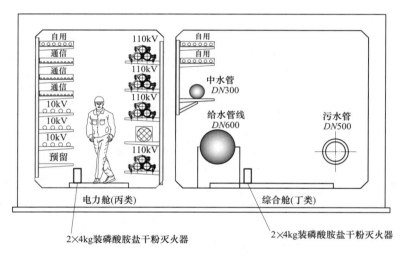

图 4-28　消防布置图

2）自动灭火系统

根据《城市综合管廊工程技术规范》GB 50838—2015 第 7.1.9 条，在管廊电力舱设置火灾自动灭火系统。悬挂式超细干粉自动灭火装置，系统为全淹没式布置（图4-29）。管廊内电力舱电缆采用阻燃或不燃电缆、监控与报警系统中的非消防设备的仪表控制电缆、通信电缆采用阻燃电缆，消防设备的联动控制电缆采用耐火线缆。

3. 环保二路地下综合管廊

1）防火分区

本综合管廊工程位于徐圩新区环保二路，管廊收纳了电力、通信、给水、热力、中水、预留直饮水等市政管线，还包括相关的自用监控、照明、排水、通风等设施。环保二路管廊全长

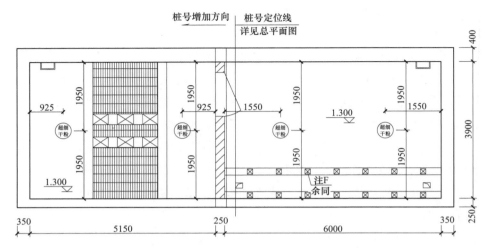

图 4-29 分变电所超细干粉平面布置图

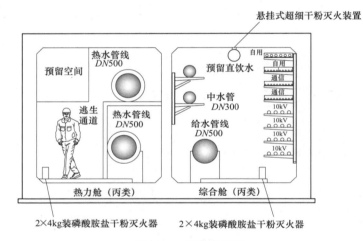

图 4-30 消防布置图

约 1300m,本工程共有 8 组消防分区,以防火墙配甲级防火门隔断(图 4-30)。

综合舱的舱室每隔 200m 采用耐火极限不低于 3.0h 的不燃性墙体进行防火分隔。防火分隔处的门应采用甲级防火门,管线穿越防火隔断部位应采用阻火包等防火封堵措施进行严密封堵。热力舱结合通风分区要求每隔 400m 设置通风分隔,分隔做法同防火分隔。防火门尺寸应满足舱室内最大尺寸管道或阀件搬运要求,防火门可双向打开。

综合管廊所有舱室沿线、人员出入口、防火门处、投料口、通风口、逃生口、设备布置间、分变电所设置手提式磷酸铵盐干粉灭火器,灭火器的配置和数量按《建筑灭火器配置设计规范》GB 50140—2005 要求计算确定。综合舱和热力舱为丙类,舱室按中危险等级、E 类火灾计算确定灭火器数量,最大保护距离为 20m。每处设置 2 具,型号为 MF/ABC4,充装 4kg 灭火剂。

2)自动灭火系统

根据《城市综合管廊工程技术规范》GB 50838—2015 第 7.1.9 条,在管廊综合舱设置火灾自动灭火系统。悬挂式超细干粉自动灭火装置,系统为全淹没式布置(图4-31)。

管廊内综合舱电缆采用阻燃或不燃电缆,监控与报警系统中的非消防设备的仪表控制电缆、通信电缆采用阻燃电缆、消防设备的联动控制电缆采用耐火线缆。

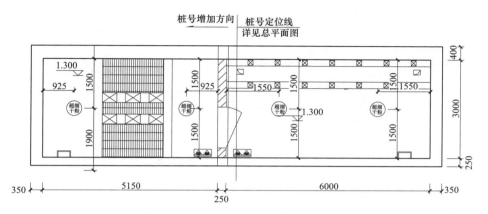

图 4-31　分变电所超细干粉平面布置图

4. 方洋路地下综合管廊

1) 防火分区

本综合管廊工程位于徐圩新区方洋路，管廊收纳了电力、通信、给水、原水等市政管线，还包括相关的自用监控、照明、排水、通风等设施。方洋路管廊全长约 2566.50m，本工程共有 14 组消防分区，以防火墙配甲级防火门隔断（图 4-32）。

电力舱和综合舱的舱室每隔 200m 采用耐火极限不低于 3.0h 的不燃性墙体进行防火分隔。防火分隔处的门应采用甲级防火门，管线穿越防火隔断部位应采用阻火包等防火封堵措施进行严密封堵。给水舱结合通风分区要求每隔 400m 设置通风分隔，分隔做法同防火分隔。防火门尺寸应满足舱室内最大尺寸管道或阀件搬运要求，防火门可双向打开。

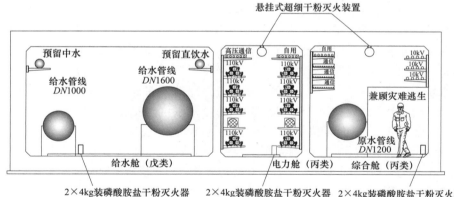

图 4-32　消防布置图

综合管廊所有舱室沿线、人员出入口、防火门处、投料口、通风口、逃生口、设备布置间、分变电所设置手提式磷酸铵盐干粉灭火器，灭火器的配置和数量按《建筑灭火器配置设计规范》GB 50140—2005 要求计算确定。给水舱为戊类，电力舱和综合舱为丙类，舱室按中危险等级、E 类火灾计算确定灭火器数量，最大保护距离为 20m。每处设置 2 具，型号为 MF/ABC4，充装 4kg 灭火剂。

2) 自动灭火系统

根据《城市综合管廊工程技术规范》GB 50838—2015 第 7.1.9 条，在管廊电力舱和综合舱设置火灾自动灭火系统。悬挂式超细干粉自动灭火装置，系统为全淹没式布置（图 4-33）。

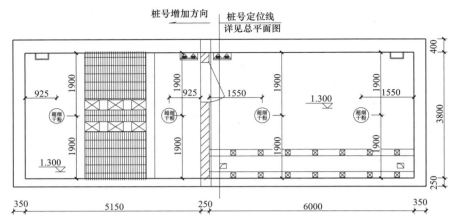

图 4-33　分变电所超细干粉平面布置图

管廊内电力舱和综合舱电缆采用阻燃或不燃电缆，监控与报警系统中的非消防设备的仪表控制电缆，通信电缆采用阻燃电缆，消防设备的联动控制电缆采用耐火线缆。

4.9.2　综合管廊内排水系统设计

排水设计范围为综合管廊内排水系统，该排水系统能够有效排除管道连接处的漏水、管道检修时的放水、管廊内冲洗水、管廊结构缝处渗漏水以及管廊开口处漏水。综合管廊原则上每个防火分区不少于一处，在每个分区最低点设集水坑。

江苏大道地下综合管廊综合舱 1、综合舱 2 每个集水坑内安装 2 台排水泵，一用一备。电力舱、燃气舱内每个集水坑内安装 1 台排水泵。燃气舱采用防爆型潜水排污泵，其余采用普通型潜水排污泵。西安路地下综合管廊电力舱内每个集水坑内安装 1 台排水泵。综合舱内每个集水坑内安装 2 台排水泵，一用一备。环保二路地下综合管廊热力舱、综合舱每个集水坑内安装 2 台排水泵，一用一备。方洋路地下综合管廊给水舱、综合舱每个集水坑内安装 2 台排水泵，一用一备。电力舱内每个集水坑内安装 1 台排水泵。

通风口、标准防火墙、标准段集水坑处排水泵参数为 $Q=25m^3/h$，$H=12m$，倒虹吸处排水泵参数为 $Q=25m^3/h$，$H=22m$，排水泵采用移动式安装。阀门采用法兰安装，安装位置可以根据实际情况做适当调整。集水坑内设液位浮球开关，高水位自动启泵，低水位停泵。

综合管廊内设置排水沟，为防止管廊内相邻防火分区窜烟，排水沟在防火墙处断开，综合舱与电力舱排水管穿中隔墙套管处应进行防火封堵。管廊内积水通过排水沟汇集到集水坑后通过排水泵就近排到管廊外燃气舱排入雨水口，其余排入污水检查井，排水管道管顶覆土不得小于 1.0m。排水泵压力管道全部采用热镀锌钢管，钢制管件宜购置成品，法兰盘工作压力为 1.0MPa。与设备连接处的法兰盘应按各自连接设备的法兰盘规格加工。螺纹连接宜采用内、外丝管螺纹管件，避免直接在管道上套丝。若需现场制作加工，应做二次镀锌等防腐处理。埋地管道外防腐采用环氧沥青漆二道。管道施工完毕后，系统应进行水压试验，试验压力为 0.9MPa。

管廊排水系统设计如图 4-34～图 4-39 所示，仅展示了江苏大道地下综合管廊的 4 舱断面和倒虹吸段，其他与此类似。

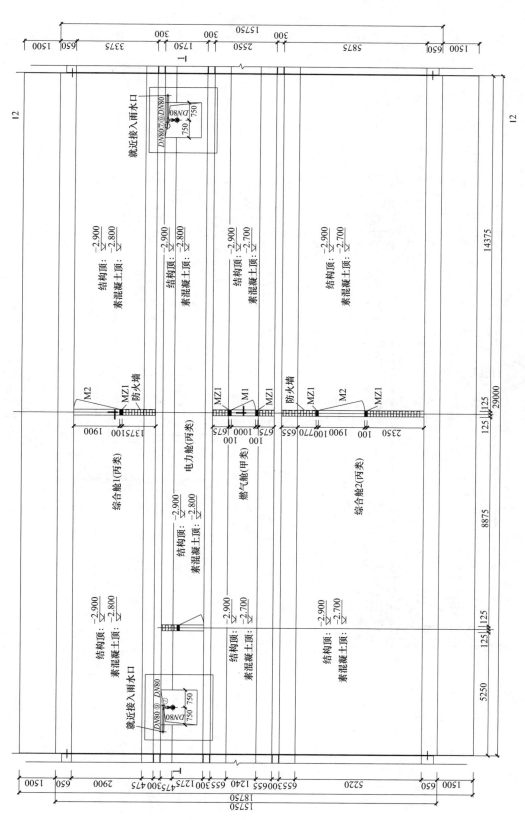

图 4-34　排水系统平面布置图

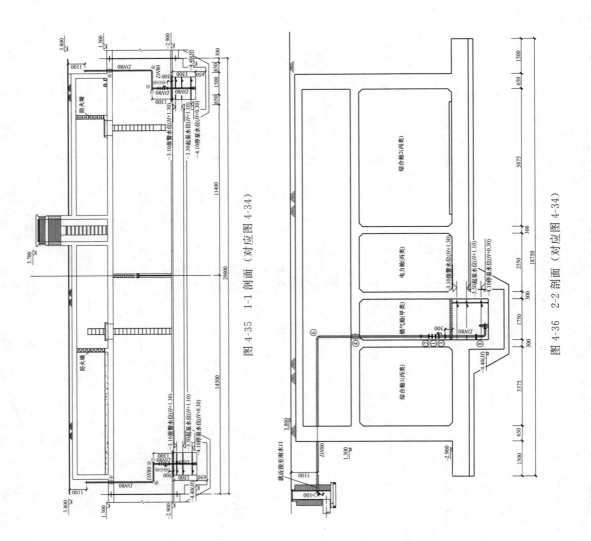

图 4-35　1-1 剖面（对应图 4-34）

图 4-36　2-2 剖面（对应图 4-34）

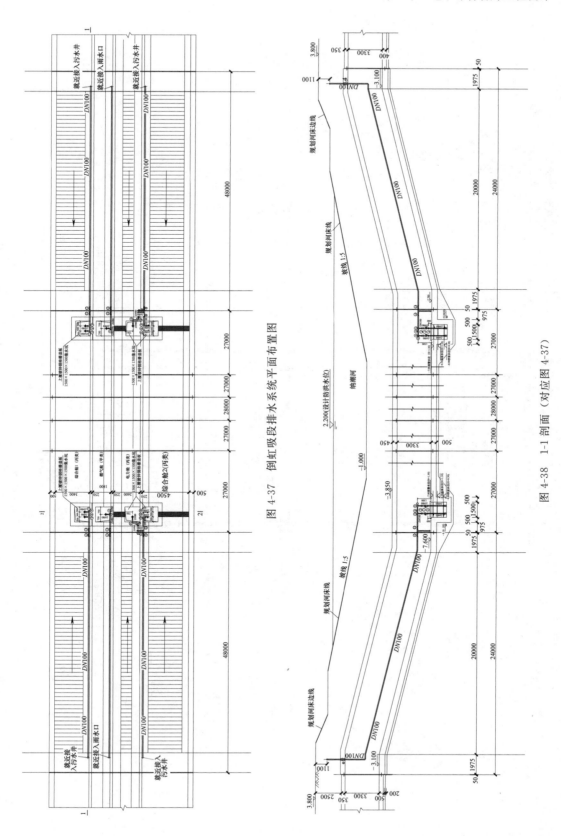

图 4-37　倒虹吸段排水系统平面布置图

图 4-38　1-1 剖面（对应图 4-37）

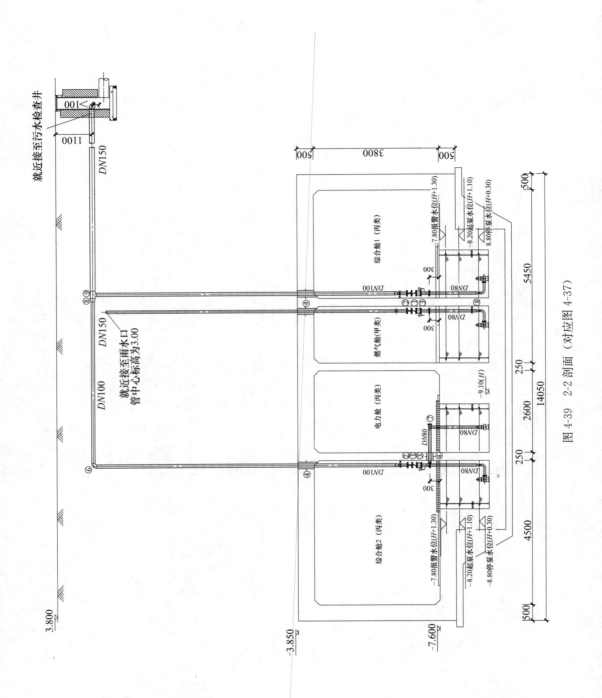

图 4-39 2-2 剖面（对应图 4-37）

4.9.3　通风系统设计

综合管廊通风区间为两段防火区间长度（400m），采用机械进风、机械排风方式。在每个通风区间段端部设置通风口，通风口伸出地面，采用防雨雪机械式百叶窗。设计段综合管廊设机械出（进）风口数量为 24 处。

在正常状态下（温度＜38℃）各防火分区两段防火门常开，各风机关闭，进排风口出百叶窗及防火阀常开，形成自然风循环。当综合管廊内某防火分区温度≥38℃时，由控制中心自动开启该防火分区相关风机进行通风消除管廊内余热；待该防火分区温度降低至35℃，自动关闭相应风机。

当确认管廊内某防火分区发生火灾时，在控制中心自动关闭该防火分区两端防火门，同时关闭进通风口处的送风机（或防火阀）、排风口处排风机及防火阀进行机械排风，同时打开防火门。恢复正常后，转入自然通风工况。当管廊内温度超过 280℃防火阀熔断关闭，信号传输至控制中心，同时连锁关闭相应的送排风机。

管廊通风系统设计如图 4-40～图 4-43 所示，仅展示了江苏大道地下综合管廊的四舱断面，其他与此类似。图中 FM1 为 900mm×2100mm 甲级防火门（常闭），共 2 处；FM2 为 1800mm×2100mm 甲级防火门（常闭），共 2 处；FM3 为 800mm×1800mm 甲级防火门，共 3 处；注 A 为预埋 $DN100$ 穿墙套管，内穿 $\phi100$ 钢管，下部接入集水槽，共 14 处；注 B 为顶板预埋 $DN100$ 穿墙套管，内穿 $\phi100$ 钢管，下部接入集水井，上部接入就近雨水系统。注 B 需结合总图集水坑设置位置，通风区段内有集水坑设置注 B，无集水坑不设置。

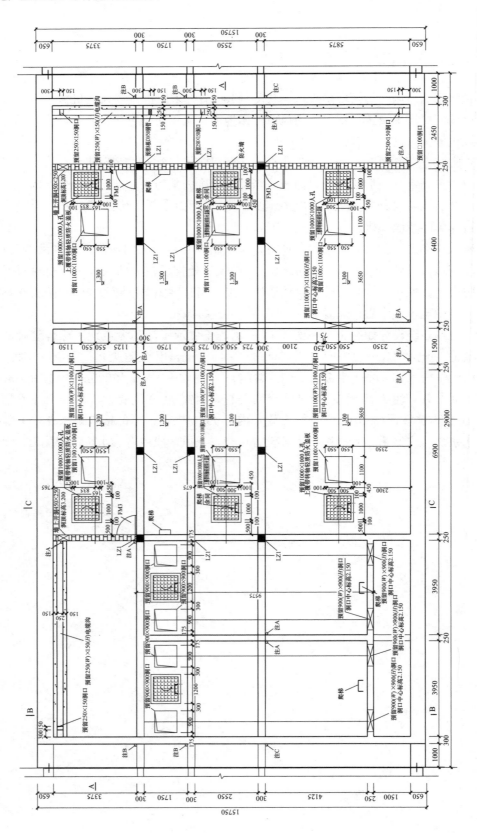

图4-40　通风口中层平面布置图

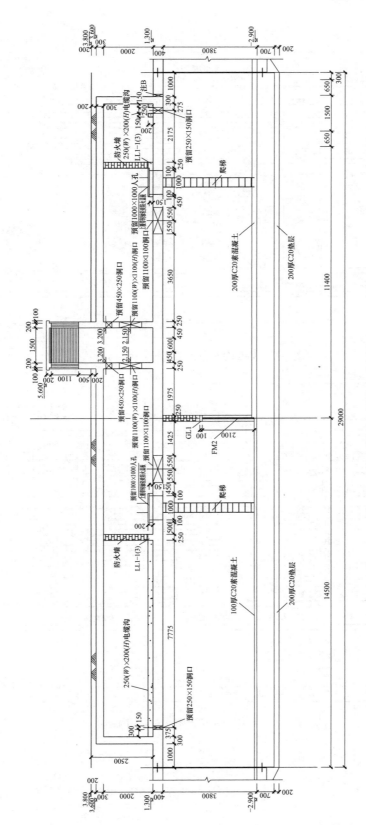

图 4-41　A-A 剖面布置图（对应图 4-40）

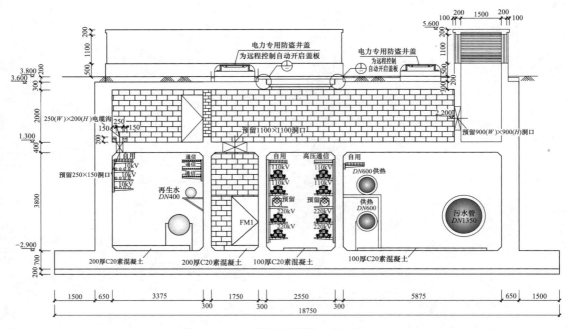

图 4-42　B-B 剖面布置图（对应图 4-40）

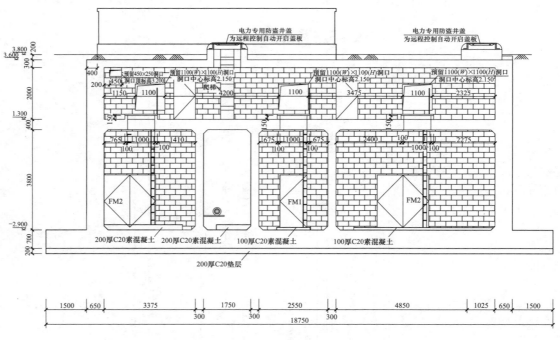

图 4-43　C-C 剖面布置图（对应图 4-40）

第 5 章　地下综合管廊健康监测

　　我国地下工程结构健康监测技术的研究起步较晚。近年来随着传感测试技术、分析技术及信息技术的发展，结构健康监测技术逐渐在国内大型跨江隧道建设、市政隧道、地下综合管廊等地下工程得到了应用，结构健康监测在这些工程领域逐渐得到重视。

　　健康监测系统的功能主要是对工程运营期间的结构状况做全过程的监测，为工程的维护、保养、安全决策提供依据，通过监测数据评估发现管廊结构状态超过预警值时，及时采取应对措施，以维持管廊结构的安全性，降低其风险水平。管廊自身结构稳固是整个管廊安全建设和后期安全运营的内在关键因素，地下综合管廊工程为线形工程，管廊中一个结构单元产生破坏，可能会影响整个地下综合管廊的运营。

5.1 管廊运营安全问题

5.1.1 管廊结构运营过程中的普遍性问题

1. 地下综合管廊结构渗漏

由于地下综合管廊变形缝设置过密、不均匀沉降等原因,致使地下综合管廊运营期普遍出现渗漏现象。在国内某综合管廊建成后,约50km总里程内发现渗漏点超过500个,严重影响综合管廊的运营,同时也带来了很大的安全隐患。长期渗漏水会导致结构剥落、风化,可靠性降低,影响管廊的耐久性。此外,由于管廊内敷设有各种类型的管线,包括有电缆、燃气管等特殊管线,若管廊内渗水严重可能会造成电缆短路的事故。若渗漏水中含有腐蚀介质,还有可能造成燃气管道破裂的事故,严重影响生产及人身安全。

2. 软土地层管廊结构长期变形

软土地层中的管廊在长期使用中受到渗漏、施工扰动、约束差异以及周边环境变化等各种因素的影响,会产生不均匀沉降。我国沿海一带软土分布广泛,软土地层中的管廊变形问题已经成为普遍遇到并亟待解决的问题。

5.1.2 徐圩新区管廊结构运营过程中的主要问题

连云港徐圩新区处于富水软土环境中,这种地质具有蠕变特性,一般表现为流塑状态,压缩性高、土质差,对地下综合管廊后期沉降和结构变形会造成较大影响。在此环境中,地下综合管廊在长期的自然环境和使用环境双重作用下,结构不均匀沉降的风险较大,这种结构变形可直接导致管廊伸缩缝错台、密封垫失效,从而导致渗漏水、内部设备腐蚀等一系列后果。伸缩缝过度张开或挤压将损坏接缝处止水带,进而导致结构渗漏水,甚至导致混凝土结构碎裂。因此经过分析认为,徐圩新区地下综合管廊运营过程中面临的主要问题有以下几点:

1. 地质条件差,深厚淤泥层中长距离管廊结构易发生纵向不均匀沉降

在徐圩新区地下综合管廊一期工程中,最长的江苏大道地下综合管廊长度为8.4km。管廊下方为淤泥层,虽然进行了粉喷桩地基加固,但仍存在基础不均匀的问题,管廊结构在运营过程中受周边环境(如水位、动荷载等)变化会发生纵向和横向不均匀沉降问题。此外,管廊周围土体的自身变形或受人类工程活动扰动变形,也会对管廊的自身结构稳定性产生影响,造成管廊的局部不均匀沉降、管廊结构单元之间相互上下错动、左右倾斜等问题。

2. 多舱管廊尺寸大,易发生横向扭转

本项目管廊包括2舱、3舱、4舱,结构横向宽度较大,最大达到15.35m。结构横向稳定性在淤泥质土中与地基加固的均匀性、运营过程中的荷载分布以及环境影响直接相关，会导致结构产生横向不均匀沉降，从而使管廊结构发生扭转，破坏止水设施。

3. 距离海边较近，防水失效后引发结构耐久性问题

由于连云港徐圩新区位于海边，距海岸线最近处只有 3km。海水的腐蚀作用很大，当局部的防水失效后，海水腐蚀对管廊结构耐久性有一定影响，从而影响结构稳定性，对管廊内管线的运行都有很大的威胁。

4. 管廊渗漏

管廊为线形结构，全线大约按 30m 长度设置一条伸缩缝，分缝较多。当伸缩缝防水材料的弹性变形量不能适应缝隙要求以及长期使用导致伸缩缝防水材料老化失效等，都是导致管廊漏水的重要原因。管廊漏水将带来一系列结构病害风险。

5.2　健康监测内容分析

5.2.1　不均匀沉降监测

徐圩新区地下综合管廊地质条件较差，发生不均匀沉降的概率较大，这种结构变形可直接导致管廊节段之间发生错台，密封垫失效，从而引发渗漏水、内部设备腐蚀等问题。因此开展不均匀沉降监测具有非常重要的意义。

不均匀沉降病害分布于管廊全线，也是淤泥质黏土地层条件下管廊面临的主要风险，本系统采取全线监测方式来准确反映结构不均匀沉降的情况。

5.2.2　伸缩缝变形量监测

伸缩缝变形是地下工程普遍面临的病害之一，一般由结构荷载变化、地基沉降、混凝土收缩与徐变等造成，伸缩缝过量变形会直接导致密封垫的防水作用减弱，且对管廊的结构性能产生较大影响。针对伸缩缝变形量进行监测有利于把握管廊在运营过程中的结构变形特征，在重大病害发生之前及时发现并进行修复。

地下综合管廊伸缩缝分布于工程全线，但全线监测经济性较差，分析认为，管廊伸缩缝过渡变形的位置一般发生在荷载突变、下穿工程等关键节点处。因此，对该指标仅开展关键断面的重点监测。根据近期全线监测的情况在远期实施。

5.2.3　断面扭转监测

徐圩新区地下综合管廊断面有 2、3、4 舱，横向宽度较大，在 6.55～15.53m 之间，大断面使管廊运营期易出现横向沉降量不均，从而发生横向扭转，而扭转会损坏地下综合管廊内部设备。因此，应针对这一病害进行监测。

与伸缩缝变形量的监测方式类似，管廊断面扭转往往发生在风险较大的位置，如穿越道路、河流等，因此该项目也采取重点监测方式，根据近期全线监测的情况在远期实施。

5.3　健康监测技术特点

5.3.1　监测技术的选用

徐圩新区地下综合管廊主要采用光纤光栅监测技术，光纤传感器与传统传感器相比具有许多优点：

（1）质量轻、体积小：普通光纤外径为 $250\mu m$，最细直径可精细至 $35\sim40\mu m$，可获取传统传感器无法检测的信号，如复合材料的内部应力。即使经过封装的光纤传感器，其直径也往往可控制在毫米数量级，可方便地安装在结构表面或者结构内部，对被测结构的力学性能及外观影响小。

（2）灵敏度高：光纤传感器采用光学原理，一般为微米量级。采用波长调制技术，分辨率可达波长尺度的纳米量级。

（3）耐腐蚀：由于光纤表面的涂覆层是有高分子材料组成，耐酸碱等化学侵蚀能力强，同时纤芯自身为二氧化硅材料，其物理、化学等稳定性强。

（4）抗电磁干扰：光信号在光纤中传输时，不会与电磁场产生作用，因而信号在传输过程中抗电磁干扰能力很强。

（5）传输频带宽：可进行大容量信号的实时测量，便于集成大型监测系统。

（6）分布式或准分布式测量：可用一根光纤测量结构上空间多点或者无限多自由度的参数分布，是传统机械类、电子类、微电子类等器件无法实现的。

（7）使用期限内维护成本低：光纤光栅传感器是属于波长调制型光纤传感器，波长同时受布拉格光栅周期和纤芯有效折射率扰动的影响，因而通过测量布拉格波长的变化即可测出应变和温度扰动。

利用光栅的反射和滤波特性可以制成用于检测温度、应变的光纤传感器和各种传感网络。FBG 是普遍应用的一种光纤光栅，它的折射率呈固定的周期性调制分布，可以对满足 Bragg 光栅相位匹配条件的光产生较强的反射。由耦合波理论可得，当满足相位匹配条件时，FBG 的反射光中心波长 λ_B 由纤芯折射率 n 和光栅周期 Λ 决定：

$$\lambda_B = 2 \cdot n \cdot \Lambda \tag{5-1}$$

由式 5-1 可知，FBG 的反射中心波长会因为 FBG 的折射率周期和纤芯折射率的变化而变化，外界环境温度和应变的影响都会导致 FBG 纤芯折射率和光栅周期的变化，从而使得 FBG 的反射中心波长改变，因而 FBG 传感器能够直接测量。

5.3.2　解调设备的选取

光纤光栅解调仪在结构健康监测有着非常重要的作用，它将光纤光栅传感器的波长信号解算出来，并传送给计算机，计算机里的上位机程序将各种波长信号转化为待测物理量的特征信号，即可对结构实行实时的监测。在结构健康监测系统中，从一定程度上说，光纤光栅解调仪决定了一套结构健康监测系统的成本，其性能的优劣决定了整套系统的价值。

根据各路段的路程计算得知，解调仪设在江苏大道和方洋大道的交叉处，该处近似为整个管廊建设的中心点，以此处为中心，利用解调仪的多通道特性，通过每一通向各条分支路段及总线两端发散，此布局有利于监测系统的对接及传感器的分布安装，同时避免了过长光缆的敷设难度，传感网最终由解调仪通过光纤传输至监控中心室。

根据通道布局，对传感器和通道的细致分配见表 5-1。其中每个路段的监测传感器，包括位移传感器和高差计，均以先后的顺序接入监测通道光缆链路。同一通道内先后顺序按照位移传感器、重点监测位移传感器、高差计的顺序接入，传感器的相对位置在后台监控软件中定义。表中分配包含二期监测传感器，共计占用 10 个通道，剩余 6 通道可作为后期相邻工程扩展使用。

传感器按类型交叉连接分配（二期监测传感器各自并入每通道）　　　表 5-1

路段	通道数	传感器分布	光缆长度(km)
江苏大道	5	上段 3 通道(41 只/通道),下段 2 通道(48/通道)	16
环保二路	1	传感器数量38,可扩充	6
西安路	2	传感器数量54(27/通道),各通道可扩充	8
方洋路	2	传感器数量80(40/通道),各通道可扩充	5

各通道布设情况如图 5-1 所示。

图 5-1　传感器类型交叉串接布设通道分配示意图

5.4 健康监测工作布置

5.4.1 监测工作概况

徐圩新区地下综合管廊项目需要对 150 个全线接缝进行沉降和张开量监测，共计需要 300 只位移传感器，另外还需要对 30 个重点监测点加强监测，共计需要 60 只位移传感器和 30 只高差计。

本次健康监测系统设计从经济性和合理性考虑，仅考虑监测项目超过警戒值对结构危害大、发生概率高，且发生后需及时处理的监测项目。具体包括不均匀沉降、伸缩缝变形量、断面扭转，见表 5-2。对于结构渗漏水，本次仅做接口预留，后期如有需要再补充相应测点。

监测项目 表 5-2

序号	监测项目	特点	结构影响 重要性等级
1	不均匀沉降	危害大，发生概率高，紧急程度高	A
2	伸缩缝变形量	危害大，发生概率高，紧急程度高	A
3	断面扭转	危害大，发生概率高，紧急程度高	A

全线监测采用水平向和倾斜向两个位移计进行监测，均布设于管廊一侧侧墙中部，距底板距离约为 1.6m，两个位移计叠合安装，其中一个水平向布设，另一个倾斜约 70° 布设。叠合高差＞2mm。

5.4.2 安装细则

1. 沉降和变形位移传感器安装布设

图 5-2 沉降和变形监测布设
断面示意图（双舱断面）

沉降量和轴向变形监测采取交叉式安装，此安装方式可同时监测沉降与轴向的变形。图 5-2～图 5-4 是管廊的断面视图形式，不论 2 舱结构，还是 3 舱、4 舱结构，均在其一个侧面安装传感器，既能有效监测管廊的结构变形与沉降，又不影响主要管道设施的布设与分布，同时也降低了监测传感器及传输光缆的安装与敷设。图 5-5 为安装细节图。

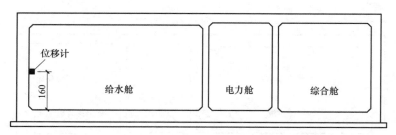

图 5-3 沉降和变形监测布设断面示意图（三舱断面）

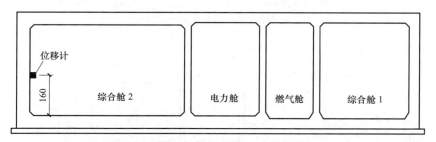

图 5-4 沉降和变形监测布设断面示意图（四舱断面）

2. 伸缩缝张开量位移传感器布设

沿着管廊方向敷设的位移传感器可有效监测其目前是处于脱节或加压状态。如图 5-6～图 5-8 所示，位移传感器分别安装在顶面和侧面，不论是轴向拉伸或压缩，还是纵向错位，均可有两个位置的传感器监测到。具体安装如图 5-9 所示，通过两端的定位卡分别将位移传感器固定与侧壁和顶面，传感器保持水平安装，安装时尽量保持与安装面平行。

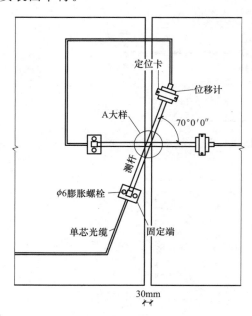

图 5-5 沉降和变形位移计安装细节图

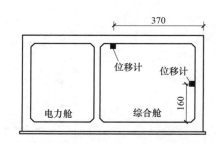

图 5-6 重点断面位移计
布点图（双舱断面）

71

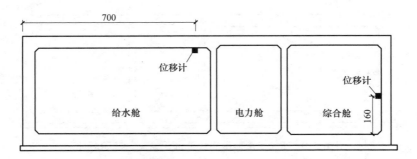

图 5-7　重点断面位移计布点图（三舱断面）

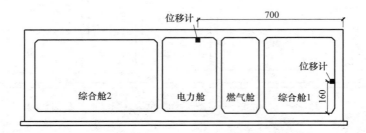

图 5-8　重点断面位移计布点图（四舱断面）

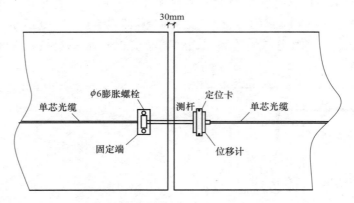

图 5-9　重点断面位移计安装示意

图 5-10　重点断面高差计布点图（双舱断面）

3. 断面扭转高差计布设

管廊的断面扭转采用高差计进行监测，其安装分布如图 5-10～图 5-12 所示，在管廊最边上的两壁上分别安装一个高差计，当断面发生扭转时产生相应高度差。高差计安装时与管廊走向保持水平，安装好以后要重新调节，以至于在静态时高差计的测量结果为 0。图 5-13 为安装细节图。

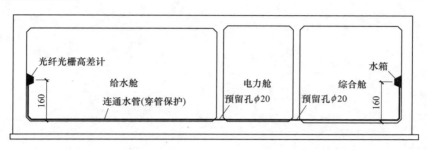

图 5-11　重点断面高差计布点图（三舱断面）

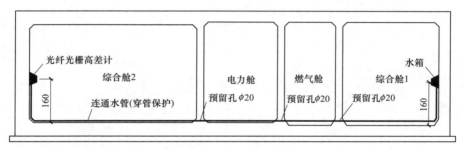

图 5-12　重点断面高差计布点图（四舱断面）

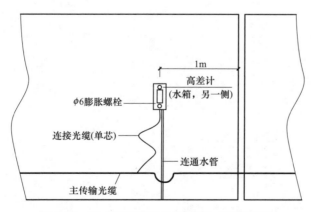

图 5-13　重点断面高差计布点图（四舱断面）

第6章　地下综合管廊运维管理

　　运维管理是地下综合管廊建设完成后的主要工作，运维管理效果将决定管廊运行的成败，因此建立有效的管理目标、管理措施、安全管理及应急预案等运维管理体系，有利于保障管廊的顺利运行，提高管廊运行成效。

6.1　运维管理目标及措施

徐圩新区地下综合管廊运维管理是一项复杂的系统性工作,其管理体系主要根据管廊的类型、规模、技术条件和运维管理模式等多方面因素,保证运维管理的可行性、适用性。

6.1.1　运维管理目标

在综合管廊运维管理中运用目标管理办法,可以明确目标内容,建立健全管廊运维制度保证体系,能有效提高管廊的运维水平,提高运维的经济效益,调动运维管理人员的积极性和创造性。具体内容包括运维目标、安全管理目标、用户满意目标和环境保护目标。

1. 运维目标

建立完整的日常运行维护系统、安全管理和应急管理系统,确保管廊主要附属设施的质量合格率,充分利用智能管理系统提高运行维护管理效率。当管道设施和附属项目受损时,应在第一时间组织紧急修复,以确保24h内的排障率。

2. 安全管理目标

管廊邻近石化产业园,因此管廊总体运维管理要实现管廊安全事故零伤亡,杜绝火灾事故等安全责任事故,确保职工劳动保险用品的发放率、职工安全教育率、安全技术的交底率、管理人员及特种作业人员持证上岗,以及安全技术数据的真实性、准确性、完整性和及时性。

3. 用户满意目标

避免侵害管线入廊单位及周边居民的利益,提高相关行政主管部门、入廊管线单位和管廊周边企业和居民满意度。

4. 环境保护目标

结合徐圩新区区域规划建设标准和行业标准,管廊内环境质量符合相关的环境保护标准。

6.1.2　运维管理保证措施

完善运维管理制度,将运维管理工作前置,坚持系统、全面、统一的原则,坚持职责、责任、权限和利益相一致的原则。管廊完工前,成立管廊责任小组,为管廊的运营和维护提供团队和组织保障,明确责任分工,落实质量控制责任,并通过定期或不定期的调查,发现当前存在的问题,总结经验,纠正不足,对各部门各岗位进行定性和定量评估,并提出七项保障措施。

1. 组织保证措施

根据徐圩新区地下综合管廊规模组建了管廊责任小组，参与到管廊设计和建设，为管廊运维提供人才保证和经验储备；根据管廊规模，在管廊完工前组建运营管理单位，一部分人员为前期管廊小组人员，另一部分人员为根据运维管理需要另聘人员。管廊运营管理单位。预计约 30 人，其中高级管理层（约 3 人）、综合管理部（约 6 人）、财务管理部（约 3 人）、技术管理部（约 2 人）、运维管理部（约 4 人）的巡检人员上正常班（日勤），运维管理部监控组人员（约 12 人）采用 4 班 3 倒工作制。

2. 制度保证措施

徐圩新区管廊项目将运维管理工作前置到设计规划和建设期，提前建立健全相关法规和维护管理标准，编制并申请连云港市政府印发《连云港市地下综合管廊管理办法（试行）》，同时编制并申请连云港市城乡建设局和连云港市物价局联合印发《连云港市地下综合管廊有偿使用收费指导意见（试行）》，加强管廊建设，规范管廊各项工作。

作为运维管理单位制定详细、完善的管廊运维管理制度，包括制定运营调度中心管理制度、备品备件管理制度、日常巡检管理制度等，完善并执行岗位责任制、目标完成监督制度、检查制度等，对制度执行情况进行监督管理，定期考核、检查制度执行情况，做好奖惩工作，并不断完善相关制度。

3. 设施保证措施

根据徐圩新区管廊运维管理需要，采用优质管廊设备，建设高水平的综合管廊设施，定期按照综合管廊设施升级的有关标准，本着可靠、先进、实用、经济的原则，对所有原材料、构配件、设备等的采购必须进行标识和质量评定。

严格执行综合管廊维护管理制度，同时实行安全巡查制度，定期对管廊设施进行维护保养，保持综合管廊设施完好状态，管廊设施及附属工程损坏时，第一时间组织进行抢修，保证工程质量、综合管廊设施的合格率，同时保证管廊内部环境清洁，符合相关环境标准。

4. 技术保证措施

徐圩新区管廊采用云计算、大数据、物联网、GIS、BIM 等高新技术，建立管廊智能化运维管理平台，在土建施工、监控与报警和运营平台等各方面实施智能化。例如通过 BIM 和 GIS 的结合实现对管廊内部结构和外部空间的三维可视化管理，以及地下管线等设施的精准定位。在此基础上，结合物联网技术，将管廊相关配套设施进行智能化控制，实现了综合管廊安全监测、检测、预警及应急响应的可视化，最终实现了预留接口、智慧城中心接入、智能城中心接入、管廊相关配套设施的智能化控制。系统维护人员及各相关部门可以通过客户端提供的平台，查询系统功能模块在云平台工作状态下的信息，协同对管廊中出现的异常状态做出及时的科学决策。

5. 人才保证措施

管廊建设单位隶属方洋集团，具有众多经验丰富的相关人才，为管廊运维管理提供了一部分人才。但管廊运维涉及机电、消防、自动化、结构、岩土等相关专业，具有较高的多样性和复杂性，因而需要掌握相关技术的优秀复合型人才。目前，我国在管理运行维护方面缺乏具有丰富工作经验的人员。运行维护管理单位应以机制设计为先导，以人员编制、人员招聘为基础，以人员培训为重点，开展相关工作，努力培养一支人员结构合理，技能好素质高的人才队伍

6. 奖罚保证措施

为了进一步保证操作和维护的服务质量，引入激励机制，建立奖励和惩罚制度。依据检查、监督和考核制度，针对考核结果制定详细的奖罚制度。在考核中，不履行职责、不履行职责的部门和个人，应当对其失职行为负责。根据情节轻重给予处罚，对质量管理工作做出突出贡献，包括提出合理化建议、技术创新、设备改造或避免质量事故的职工给予奖励。

7. 调查反馈措施

在管廊的运行和维护过程中，应对管廊进行定期检查，内容包括运维管理单位维护设施水平，告知管线单位管线破损及时程度，检查的频率和质量，协助管线单位维护的满意度等。定期对管廊周边居民进行公众调查，调查内容包括管廊是否对周边区域产生噪声影响、是否对周边区域产生恶臭影响、是否对周边景观和交通产生影响、是否对周边安全产生影响等。通过管线单位及周边居民的调查反馈，制订详细的改进计划和措施。采取改进措施后，对入廊管线单位及周边居民进行了调查和反馈。通过定期和持续的调查，不断改进管廊服务质量。

6.2　管廊主体结构运维管理

管廊土建结构的维护是保证管廊运行期间安全平稳运行的一系列管理措施，这些措施主要包括土建结构的日常检查和监测、土建结构的维修保养、土建结构的专业监测、土建结构的健康评估和一级土建结构的大中修管理。

由于管廊自身特点和管廊所处特殊的临海地质条件，在管廊运行维护的日常管理中，运行维护管理相关部门：技术管理部、运维管理部巡检人员和监控组加重重视管廊土建及附属设施的防水、防腐和相关保养管理工作。从项目名称、内容、问题评估、治理措施等方面，为管廊的日常检查、维护制定了一系列项目清单，并运用智能运维平台，提高运维管理工作的准确性和效率。

6.2.1　土建结构管理

1. 土建结构的日常巡检与监测

土建结构的日常巡检对象一般包括管廊内部，地面设施，供电和配电室，监控中心，周围环境等。检查内容包括结构裂缝、损坏、变形、泄漏等（表6-1、表6-2）。通过观察或常规设备检查，发现土建结构的现状缺陷与潜在安全风险。日常检查结合管廊年限、运

营情况确定合理的检查方案及频率，保证至少一周一次，在极端异常气候和保护区周围的复杂环境中，应加大巡检力量，增加巡检的频率。针对江苏大道综合管廊，入廊管线种类多，管线入廊时间较早，保证巡检次数一周两次以上。日常巡检分别在地下综合管廊内部及地面沿线进行（同步开展），对需改善的和对运行有影响的设施缺陷及事故情况做好检查记录，实地判断原因和影响范围，提出处理意见，并及时上报处理。

土建结构日常监测采用专业仪器设备，实时监测土建结构的变形、缺陷和内应力等。通过将传感器嵌入待监测区域，收集和处理数据，最后通过判定方法，及时对结构状况进行评估和预警。同时，为保障管廊安全运营，在管廊主体结构四周以及管廊地面设施的周边划定保护区进行管理，管廊控制保护区遇特殊的工程地质或外部作业时，适当扩大城市控制保护区范围。

土建结构日常巡检的主要内容及方法 表 6-1

项 目		内 容	方法
管廊 主体结构	结构	是否有变形、沉降位移、缺损、裂缝、腐蚀、渗漏、露筋等	目测尺测
	预制拼装接缝	是否有变形、渗漏水是否损坏等	
	施工缝	是否有开裂、渗漏等现象	
	排水沟	沟槽内是否有淤积	
	装饰层	表面是否完好，是否有缺损、变形、压条翘起、污垢等	
	爬梯、护栏	是否有锈蚀、掉漆、弯曲、断裂、脱焊、破损、松动等	
	管线引入(出)口	是否有变形、缺损、腐蚀、渗漏等	
	管线支撑 结构	支(桥)架是否有锈蚀、掉漆、弯曲、断裂、脱焊、破损等	
		支墩是否有变形、缺损、裂缝、腐蚀等	
	施工作业区	施工情况及安全防护措施等是否符合相关要求	
地面 设施	人员出入口	表观是否有变形、缺损、堵塞、污浊、覆盖异物，防盗设施是否完好、有无异常进入特征，井口设施是否影响交通，已打开井口是否有防护及警示措施	
	雨污水检查井口		
	逃生口、吊装口		
	进(排)风口	表观是否有变形、缺损、堵塞、覆盖异物，通道是否通畅，有无异常进入特征，格栅等金属构配件是否安装牢固、有无受损、锈蚀	
保护区 周边环境	施工作业情况	周边是否有邻近的深基坑、地铁等地下工程施工	目测问询
	交通情况	管廊顶部是否有非常规重载车辆持续经过	
	建筑及道路情况	周边建筑是否有大规模沉降变形，路面是否发现持续裂缝	
监控中心		主体结构是否有沉降变形、缺损、裂缝、渗漏、露筋等；门窗及装饰层是否有变形、污浊、损伤及松动等	目测
供配电室			

管廊土建结构日常监测项目及方法 表 6-2

序号	监测项目	传感器	传感器信号	监测点布置方法
1	水压力	渗水压力计	频率、电压或电感	选取典型渗漏区段，在廊体顶板设置
2	混凝土应变	混凝土应力计 及应变计	频率、电压或电流	选取结构形式突变区域设置
3	钢筋应变	钢筋应力计	频率、电压	选取结构形式突变区域设置

续表

序号	监测项目	传感器	传感器信号	监测点布置方法
4	锚杆轴力	锚杆测力计	频率、电压或电流	对于维修加固段，设计监测方案
5	廊体顶板位移	水准仪	人工监测	结构形式变化处、围岩软硬不均处、地下水位较高、下穿或邻近建筑物、河道地下管线段等
6	廊体净空收敛	收敛计	人工监测	
7	水位及流量	水位计及流量计	电流	在廊体底板坡面或低洼处设置
8	裂缝扩张	裂缝扩张计	电流或电压	选取典型裂缝布置
9	温度及湿度	温度及湿度传感器	电流、电压或数字信号	温湿度敏感区域布置

外部作业净距控制值见表 6-3。

外部作业净距控制值　　　　　表 6-3

外部作业类型	工法	净距控制值（m）
基础桩	人工挖孔、旋挖施工	3
基坑围护桩（墙）		9
锚杆（索）端头	—	6
地基处理	冲孔、振冲、挤土	20
爆破	浅孔爆破	20

2. 土建结构的保养维护

在日常运行和维护过程中，根据日常巡检和监测结果，对管廊的土建结构进行维护保养。建立维护记录，定期统计易损材料备件消耗量等情况，分析原因，形成总结报告。维护保养主要包括经常性或预防性的保养和小规模维修等内容，以恢复和维护良好土建结构的使用状态。

土建结构保养主要以管廊内部及地面设施为主，主要包括管廊的清理、设施的防锈处理等（表 6-4）。土建结构维修主要针对混凝土（砌体）结构的结构缺陷及损坏、变形缝的损坏、漏水、构筑物及其他设施［门窗、格栅、支（桥）架、护栏、爬梯，螺丝］松动或脱落、掉漆、损坏等（表 6-5）。管廊运维中常见的工程问题为渗漏水，针对渗漏水列举相关治理方式（表 6-6～表 6-8）。

针对江苏大道等有污水管线的综合管廊，相比其他路段更容易发生管廊内部设施锈蚀，管廊运维日常管理需加大力度，采取增加保养频次、重点巡检等措施。

土建结构的保养内容　　　　　表 6-4

项　目		内容
管廊内部	地面	清扫杂物，保持干净
	排水沟、集水坑	淤泥清理
	墙面及装饰层	清除污点，局部粉刷
	爬梯、护栏、支（桥）架	除尘去污，防锈处理

续表

项　目		内　容
地面设施	人员出入口	清扫杂物,保持干净通畅
	雨污水检查井口	
	逃生口、吊装口	
	进(排)风口	除尘去污,防锈处理,保持通畅
监控中心		清扫杂物,保持干净
供配电室		

土建结构主要维修内容　　　　　　　　　　　　表 6-5

维修项目	内　容	方　法
混凝土(砌体)结构	龟裂、起毛、蜂窝麻面	砂浆抹平
	缺棱掉角、混凝土剥落	环氧树脂砂浆或高标号水泥砂浆及时修补,出现露筋时应进行除锈处理后再修复
	宽度大于 0.2mm 的细微裂缝	注浆处理,砂浆抹平
	贯通性裂缝并渗漏水	注浆处理,涂混凝土渗透结晶剂或内部喷射防水材料
变形缝	止水带损坏、渗漏	注浆止水后安装外加止水带
钢结构管廊	钢管壁锈蚀	将锈蚀面清理干净后,采取防锈措施
	焊缝断裂	焊接段打磨平整,并清理干净后,采取措施
构筑物及其他设施	门窗、格栅、支(桥)架、护栏、爬梯、螺丝松动或脱落、掉漆、损坏等	维修、补漆或更换等
管线引入(出)口	损坏、渗漏水	柔性材料堵塞、注浆等措施

常见裂缝渗漏水治理方式（一）　　　　　　　　表 6-6

水压或渗透量	补强要求	治理方式	材料要求
大	无	注浆孔斜穿裂缝注浆	采用水泥基材料注浆
	有	先钻小斜孔注浆,再钻大斜孔注浆	小斜孔注入聚氨酯材料,大斜孔注入环氧树脂或水泥基材料
小	无	裂缝处切槽,槽内填料阻水	填料为底层速凝型无机堵水材料,上层为含水泥基渗透结晶型防水材料的聚合物水泥防水砂浆
微小	无	贴嘴注浆	环氧树脂材料

常见裂缝渗漏水治理方式（二）　　　　　　　　表 6-7

水压或渗透量	止水带情况	治理方式	材料要求
大	无损坏,宽度已知	注浆孔斜穿至迎水面注浆	采用油溶性聚氨酯材料注浆
	局部损坏	变形缝中布置浆液阻断点,注浆封闭	聚氨酯灌浆材料
小	无损坏,宽度已知	注浆孔垂直穿至止水带翼部注浆	聚氨酯灌浆材料

常见管线分支口渗漏水治理方式　　　　　　　表 6-8

水压或渗透量	工期要求	治理方式	材料要求
大	一般	钻孔斜穿基层至管线表面注浆，或管线根部环形成槽，采用埋管注浆止水	采用聚氨酯材料注浆
小	快速	管线根部环形成槽后填堵水材料	底层填速凝型无机防水堵漏材料，上层用聚合物水泥防水砂浆找平

3. 土建结构的专业检测

当运维人员无法判定管廊主体的结构可靠性时，由运营公司委托专业机构对管廊主体结构进行专业检测。专业检测是采用专业设备对地下综合管廊土建结构进行的专项技术状况检查、系统性功能试验和性能测试，土建结构中以结构检测为主。土建结构的专业检测项目内容结合现场情况确定，一般主要集中在结构裂缝、结构内部缺陷、混凝土强度、横断面变形、沉降错动、结构应力及渗漏水情况等检测内容（表 6-9）。

土建结构的专业检测在以下几种情况进行：经多次小规模维修，结构劣损或渗漏水等情况反复出现，且影响范围与程度逐步增大；经历地震、火灾、洪涝、爆炸等灾害事故后；受周边环境影响，土建结构产生较大位移，或监测显示位移速率异常增加时；达到设计使用年限时以及需要进行专业检测的其他情况（表 6-10）。

专业检测应由具备相应资质的单位承担，并应由具有地下综合管廊或隧道养护、管理、设计、施工经验的人员参加；检测需要制定详细方案，检测后形成检测报告，内容应包括土建结构健康状态评价、原因分析、大中修方法建议，检测报告通过评审后提交主管部门。

土建结构专业检测内容及方法　　　　　　　表 6-9

项目名称		检验方法	备　注
裂缝	宽度	裂缝显微镜或游标卡尺	裂缝部位全检，并利用表格或图形的形式记录裂缝位置、方向、密度、形态和数量等因素
	长度	米尺测量	
	深度	超声法、钻取芯样	
结构缺陷检测	外观质量缺陷	目视、尺量和照相	缺陷部位全检，并利用图形记录
	内部缺陷	地质雷达法、声波法和冲击反射法等非破损方法，辅以局部破损方法进行验证	结构顶和肩处，3 条线连续检测
	结构厚度		每 20m（曲线）或 50m（直线）一个断面，每个断面不少于 5 个测点
	混凝土碳化深度	用浓度为 1% 的酚酞酒精溶液（含 20% 的蒸馏水）测定	每 20m（曲线）或 50m（直线）一个断面，每个断面不少于 5 个测点
	钢筋锈蚀程度	地质雷达法或电磁感应法等非破损方法，辅以局部破损方法进行验证	每 20m（曲线）或 50m（直线）一个断面，每个断面不少于 3 个测区
	混凝土强度	回弹法、超声回弹综合法、后装拔出法等	每 20m（曲线）或 50m（直线）一个断面，每个断面不少于 5 个测点

续表

项目名称		检验方法	备　注
横断面测量	结构变形	全站仪、水准仪或激光断面仪等测量	异常的变形部位布置断面
	结构轮廓	激光断面仪或全站仪等	每 20m(曲线)或 50m(直线)一个断面，测点间距≤0.5m
	结构轴线平面位置	全站仪测中线	每 20m(曲线)或 50m(直线)一个断面
	管廊轴线高程	水准仪测	每 20m(曲线)或 50m(直线)一个测点
沉降错动		水准仪测、动态监测	异常的变形部位
结构应力		应变测量	根据监测仪器施工预埋情况选做
渗漏水检测		感应式水位计或水尺测量集水井容积差,计算流量	检测时需关掉其他水源,每隔 2h 读一次数据

土建结构在经历灾害和异常事故后的检查　　　　　表 6-10

灾害和异常事故	检查部位		检查项目
地震	主体结构	混凝土构件	开裂、剥离
		钢结构(端部钢板)	变形
	接头	钢板	钢板变形、焊接处损伤
	其他	地面及周边建筑	地面沉陷、周边建筑变形
火灾	主体结构	混凝土构件	开裂、剥离
		钢结构(端部钢板)	变形
	接头	钢板	钢板变形、焊接处损伤
爆炸	主体结构	混凝土构件	开裂、漏水、剥离
		钢结构(端部钢板)	漏水、变形
	接头	钢板	钢板变形、焊接处损伤

4. 土建结构状况评价

根据隧道养护及城市地下空间运营管理等相关规范，针对新区管廊项目，从管廊土建结构（包括监控室、供配电室及管廊主体）入手，结合结构裂缝、渗漏水、结构材料劣损、结构变形错动、吊顶及预埋件、内装饰、外部设施七个方面的劣损状况，采用最大权重评分法，开展地下综合管廊的结构健康状况评价（表 6-11）。评价人员结合现场实际检测情况，完成土建结构健康状况评定。

土建结构健康状况评定表　　　　　表 6-11

管廊情况		管廊名称		管廊长度		建成时间		运维单位	
评定情况		上次评定等级		上次评定日期		本次评定单位		本次评定日期	
		状况值							
	编号	结构裂缝	渗漏水	结构材料劣损	结构变形错动	吊顶及预埋件	内装饰	外部设施	
监控中心	1								
	2								
	3								

管廊情况		管廊名称		管廊长度		建成时间		运维单位	
评定情况		上次评定等级		上次评定日期		本次评定单位		本次评定日期	
供配电室	编号								
	1								
	2								
管廊主体结构	里程								
CI_i									
权重 ω_i									
$CI = 100 \times \left[1 - \dfrac{1}{4} \sum\limits_{i=1}^{n} \left(CI_i \times \dfrac{\omega_i}{\sum\limits_{i=1}^{n} \omega_i} \right) \right]$					土建结构评定等级				
运维措施建议									
评定人					负责人				

上表中：ω_i——分项权重；CI_i——分项状况值，值域 0~4，$CI_i = \max(CI_{ij})$；CI_{ij}——各分项检查段落状况值；j——检查段落号，按实际分段数量取值。

根据地下综合管廊土建结构劣损状况的重要性不同，界定土建结构各分项权重系数，具体值参照表 6-12。

各分项权重系数 表 6-12

分项	分项权重 W_i	分项	分项权重 W_i
结构裂缝	15	吊顶及预埋件	10
渗漏水	25	内装饰	5
结构材料劣损	20	外部设施	5
结构变形错动	20		

5. 土建结构大中修管理

地下综合管廊在运营期间，需要大中型维修管理，一般包括受损结构的维修、结构病害的消除、结构设计标准的恢复和良好技术功能的维护。需要大中型维修的情况：地下综合管廊土建结构经专业检测，建议进行大中修的；超过设计年限，需要延长使用年限；其他需要大中修的情况。

大中修管理要求规定大中型修理由具有相应资质的单位承担，并由具有地下综合管廊或隧道维修施工经验的人员担任负责人。根据地下综合管廊的年限、健康状态、维修原因、周边环境等，制订详细的维修方案；根据劣损程度、地质条件及处理方案，进行工程风险评估，制定相应的安全维修方案（表6-13）。管廊土建结构在大中修后，土建结构的结构健康状态评价等级要达到现行规范标准要求。

土建结构大中修管理的内容及预期效果　　　　　　　　　　　　　表 6-13

项 目 名 称		内　　容	预期效果
裂缝		注浆修补,喷射混凝土等	防止混凝土结构局部劣化
结构缺陷检查	内部缺陷	注浆修补,喷射混凝土等	防止混凝土结构局部劣化
	混凝土碳化	施做钢带,喷射混凝土等	提高结构承载能力
	钢筋锈蚀	施做钢带等	提高结构承载能力
混凝土强度		碳纤维补强,加大截面等	提高结构承载能力
横断面测量	结构变形	压浆处理等	提高周围土体的抗剪强度
	管廊轴线高程	基础加固,地基土压浆等	提高周围岩土体及地基土的抗剪强度
沉降		基础加固,地基土压浆等	提高地基土的承载力
结构应力		碳纤维布补强等	提高结构承载能力
大规模渗漏水		注浆修补,防水补强等	堵水、隔水

6.2.2　附属设施管理

作为运维管理单位，做好管廊土建运维管理同时，还需保证附属设施运维管理，这也是管廊安全管理和应急管理必然要求。针对具备应急疏散通道功能的廊段增加管理力度。

1. 供配电系统

1）日常巡检与监测

日常巡检主要采用目测方式对变压器、高压柜、低压柜（箱）、供电线缆和桥架等设施设备外观及运行状态指示等直观属性进行巡视。在巡检中应做好巡检记录，对于巡检中发现的设备故障应及时通知维修人员进行维修。

日常监测是采用监控系统对供配电系统内设备运行状态进行监测，以便及时发现设备运行异常。主要内容如下：变压器、高压柜、主要低压进线柜等供配电设备运行状态及负荷情况；不间断电源（UPS）、应急电源（EPS）及应急配电箱运行状态及故障报警信号；供配电系统漏电情况（表6-14）。

供配电系统主要设备巡检内容及方法　　　　　　　　　　　　　表 6-14

项目	巡 检 内 容	方　　法
变压器	温度是否在规定范围内	观察变压器温度指示表值
	运行时有无振动、异响及气味	观察判断

续表

项　目	巡检内容	方　　法
高压柜	运行时有无异响及气味	观察判断
	屏面指示灯、带电显示器及分、合闸指示器是否正常	观察高压柜屏面指示灯的工作状态
直流屏	直流电源装置上的信号灯、报警装置是否正常	观察各信号灯工作状态
低压柜	运行时有无异响及气味	观察判断
	运行时三相负荷是否平衡、三相电压是否相同	观察柜面电流表、电压表值，并做好记录
电容补偿柜	运行时有无异响及气味	观察判断
	三相电流是否平衡，功率因数表读数是否在允许值内	观察柜面电流表、功率因数表值，并做好记录
供电线缆和桥架	桥架有无脱落，外露电缆的外皮是否完整，支撑是否牢固	观察判断

2）维修保养

针对供配电设备系统，根据具体的维护设备和维护内容，采用科学的方法对缺陷和异常情况进行监测，及时发现缺陷、异常情况和故障，并采取相应的措施防止事故的发生和扩大。并做好相关记录和报告，确保供电系统的安全可靠运行（表6-15、表6-16）。

供配电系统主要设备维护管理内容、要求及方法　　　　　　表6-15

项目	内容	要　　求	方　　法
变压器	绝缘检查	内部相间、线间及对地绝缘符合要求	兆欧表测量电阻值
	接线端子	无污染、松动	清洁、紧固
高压柜	真空断路器	固定牢固无松动，外表清洁完好，分合闸无异常	紧固、清洁、分合闸功能测试
	"五防"功能	工作正常	进行手车，一、二次回路，连锁机构等功能测试
	接线端子	无烧毁或松动	观察判断、紧固
	微机综保	上下级联动协调	检查校验各定值参数
PT柜	高压互感器	外表清洁完好，绝缘良好	观察、清洁；用兆欧表测量绝缘电阻值
	避雷器	接地装置无腐蚀	观察、清洁
高压计量柜	电流互感器	外表清洁完好，绝缘良好	观察、清洁；用兆欧表测量绝缘电阻值
	计量仪表	计量是否准确	计量仪表标定
电容器柜	电力电容	无漏油、过热、膨胀现象，绝缘正常	观察判断；用兆欧表测量绝缘电阻值
	接触器	触头无烧损痕迹、闭合紧密	观察判断，紧固
	熔断器	无烧损痕迹	观察判断
低压柜	断路器	引线接头无松动，触头无烧损、绝缘良好，分合闸工作正常	观察判断、紧固；分合闸动作测试
	接触器	触头无烧损痕迹、闭合紧密	观察判断，紧固
	互感器	绝缘良好	用兆欧表测量绝缘电阻值

项目	内容	要　　求	方　　法
低压柜	熔断器	无烧损痕迹	观察判断
	热继电器	引线接头无松动,触头无烧损	紧固、观察判断
	接线端子	无松动	
电力电缆		绝缘层无破损	观察判断
桥架		接地良好	接地电阻测量仪测量接地电阻
防雷接地设施	防雷装置	浪涌保护器工作正常,防雷装置安装牢固,连接导线绝缘良好	观察判断、紧固
	接地装置	接地电阻满足设计要求	接地电阻测量仪测量接地电阻

供配电系统中主要设备常见故障及处理措施　　　　　表 6-16

故障现象	故障原因	处理措施
变压器运行异常	1. 管廊内下游用电设备负荷过高,超过了变压器额定负荷容量; 2. 变压器内部电器元件老化和损坏	及时关闭部分用电设备,开启通风降温设备。必要时应该停电,检查各元器件的工作情况,及时对损坏和老化的部分进行更换
断路器自动跳闸	1. 设备用电负荷太大,超过了断路器额定值; 2. 电路老化,部分位置由于温度过高,发生烧断或者短路; 3. 开关老化,引起闭合故障	降低用电负荷、更换部分老化电缆和断路器
发电机无法正常运行	1. 长期不用,导致发电机内部局部零件老化或生锈; 2. 冷却水不够,无法满足设备运行的降温要求; 3. 发电机电缆连接不牢固,导致启动电阻过大,无法开启; 4. 发电机内部的蓄电池馈电或其他故障,导致无法通电	及时对以上原因分别进行排查,对于老化和无法满足设备运行的零部件,进行更换或调整
双电源回路无法切换	对于管廊中某些采用双电源供电的二级负荷,使用过程中,可能发生电路无法切换,或切换之后电路无法正常供应。主要是双回路电源的设置不完善、切换器发生短路、工作人员操作不当、备用电源的配电器发生损害等	应及时对相关设备进行检修,如果短期内无法修好,可以启动柴油发电机组应急

3）大中修管理

供配电系统可根据设备的运行状态数据和分析报告,并参考系统的设计说明和操作手册,安排专项检修项目。供配电设备的使用寿命一般为 25 年。

2. 照明系统

照明系统日常巡检与监测的内容包括对照明灯具外观的日常巡视和灯具开关状态的实时监测。

日常巡检主要采用目测方式对照明灯具的开启状态及外观等直观属性进行巡视。在巡检中应做好巡检记录,对于巡检中发现的灯具故障应及时通知维修人员进行维修。

日常监测主要通过监控系统与各分区 ACU 控制箱、照明配电箱进行信号交换，实现对照明灯具开关状态的监测和连锁控制。

照明系统的维护应注意系统的控制功能是否完好，每个分区的手动控制功能是否有效和可靠。管廊内的普通照明灯具应正常工作，满足照明率不低于 98 ％的要求。照明灯具的维护管理内容、要求及方法见表 6-17。综合管廊内照明灯具普遍采用荧光灯，荧光灯常见故障及处理方法见表 6-18。

照明系统维护管理内容、要求及方法   表 6-17

项　目	内　容	要　求	方　法
正常照明	控制功能	满足运行要求	利用监控系统进行控制功能及联动功能测试
应急照明	控制功能		
	后备电池		切断正常电源,进行切换功能测试

荧光灯常见故障及处理方法   表 6-18

故障现象	故障原因	处理措施
灯管不亮或者灯光闪烁	电源电压过低	检查供电设备及线路
	接线错误或者灯座与灯管接触不良	检查线路和接触点
	启辉器损坏	更换启辉器
	镇流器损坏或内部接线松脱	调换或修理镇流器
	灯丝熔断	检查后更换灯管
镇流器有杂声或电磁声	镇流器质量差或内部松动	调换镇流器
	镇流器过载或其内部短路	检查过载原因,调换镇流器
	启辉器不良,启动时有杂声	调换启辉器
	电压过高	设法调整电压
镇流器过热	电源电压太高	适当调整
	镇流器线圈匝间短路	处理或更换
	与灯管配合不当造成过载	检查调换
	灯光长时间闪烁	检查闪烁原因并修复

3. 消防系统

日常巡视检查和监控主要包括消防系统中防火门、灭火器等设施设备的日常巡视检查，以及消防设备运行状态的实时监测（表 6-19）。巡检人员需要通过消防行业特定工种的专业技能鉴定获得资格证书，完成巡检记录，并及时通知维护人员进行维修。专业检查、维修保养以及大中修管理应按照相关标准进行，并应做出相应的检查分析报告。

消防系统日常巡检内容   表 6-19

项　目	巡检内容	方　法
防火分隔	防火门有无脱落,歪斜	观察判断
	防火封堵有无脱落或破损	
灭火系统	灭火控制器工作状态	
	灭火剂存储装置外观	
	紧急启/停按钮、警报器外观	
	防护区状况	

续表

项　　目	巡 检 内 容	方　　法
防排烟系统	防火阀外观及工作状态	观察判断
	控制装置外观及工作状况	
灭火器	外观	
	数量	
	压力表、维修指示	
	设置位置状况	

4. 通风系统

通风系统的日常巡检与监测主要包括通风系统中风机、风阀和风管的日常检查，实时监测风机和风阀的运行状态，做好相关记录，按照相关标准进行维护和检修管理（表6-20、表6-21）。

通风系统日常巡检内容
表 6-20

项　　目	巡 检 内 容	方　　法
风口、风管系统	固定部件有无脱落，歪斜	观察判断
	风口、风管外观有无破损、锈蚀	
	风口处有无异物堵塞、通风是否通畅	
风机系统	风机运转有无异响	
	风机运行有无异动	
空调系统	内、外机表面是否整洁	
	固定件是否有松动移位	
	制冷制热效果是否达到要求	

通风系统维护管理内容、要求及方法
表 6-21

项目	内　　容	要　　求	方　　法
通风口、风管系统	风口、风管紧固	组件、部件安装稳固，无松动移位，与墙体结合部位无明显空隙	观察、紧固
	风口、风管校正		
	锈点补漆	无破损、锈蚀	观察、保洁、补漆
	支架全面防腐处理		
	风管焊接查漏		
	锈蚀紧固件更换		
	风道异物清理	通风畅通无异物阻塞、无漏风现象	观察判断
	风管漏点补焊		
风机系统	盘动电机有无异响	运行平稳，无异响、异味情况	观察判断
	电机通风状况是否良好		

续表

项目	内容	要　　求	方　　法
风机系统	传动轴承润滑情况	运行平稳,无异响、异味情况	观察判断
	风机保养		
	线路配接情况	电机及机壳接地电阻≤4Ω	紧固,使用接地电阻测试仪测试接地电阻
	接地装置的可靠性		
	保护装置是否有效		
	测试电机绝缘电阻	风机外壳与电机绕组间的绝缘电阻>0.5MΩ	用兆欧表测量电阻
排烟防火阀	表面防锈处理	表面无锈蚀,启动与复位操作应灵活可靠,关闭严密	观察、保洁、加润滑油
	铰链、转轴润滑		
	信号传输	反馈信号应正确	与监控系统联动测试
空调系统	清洗过滤网	机体干燥、无积尘、运行正常	保洁
	清洗风道		保洁
	添加制冷剂		
	系统全面检查		保养

5. 排水系统

排水系统日常巡检与监测主要是对排水系统内水泵、排水管道及阀门等设备开展的日常巡检和对水泵、液位运行状态的实时监测,做好记录,并按相关规范要求安排维修保养和大中修管理（表 6-22～表 6-24）。

排水系统日常巡检内容 　　　　　表 6-22

项目	巡　检　内　容	方　　法
管道、阀门	钢管、管件外表是否有锈蚀,评估是否需补漆	观察判断
	钢管、管件是否有泄漏、裂缝及变形	
	防腐层是否有损坏	
	管道接口静密封是否泄漏	
	查看支、吊架是否有明显松动和损坏	
	查看阀门处是否有垃圾及油污	
水泵	查看潜水泵潜水深度	
	检查水泵负荷开关、控制箱外观是否破坏及异常	
	查看连接软管是否松动或破损	
	水泵运行时听有无异响,观察有无异常	
水位仪	外观检查是否损坏	
	观察安装是否稳固	
	信号反馈是否正常	
	观察接线是否正常	

排水系统维护管理内容、要求及方法　　　　表 6-23

项目	内容	要求	方　法
管道	金属管道	保持通畅	检查,疏通,必要时更换
阀门	阀门保养	1. 检查阀门的密封性和阀杆垂直度,调整闸板的位置余量; 2. 检查闸杆等零部件的腐蚀、磨损程度,发现损坏则更换或整修; 3. 清除垃圾及油污,并加注润滑脂; 4. 敲铲油漆(一底二面)	检查、保洁、加润滑油、补漆
水泵	检查运行电压电流值	测量或读取,有异常应维修	用万用表测量电压、电流
	水泵负荷开关检查	试车是否正常	观察判断
	水泵安装情况检查和密封性	有松动、渗漏应紧固、调整	观察、紧固
	轴承润滑	清洗,加注润滑脂	保洁
	叶轮清理		清除异物,冲洗
	水泵外壳防腐		除锈,防腐
	水泵电机绝缘电阻	电机外壳与电机绕组间的绝缘电阻>0.5MΩ	兆欧表测量绝缘电阻
水位仪	校验	调整、功能检查及校验	与监控系统联动控制测试

排水泵常见问题与处理措施　　　　表 6-24

故障现象	故障原因	处理措施
泵体剧烈振动或产生噪声	水泵底座安装螺栓松动	紧固安装螺栓
	电机轴承损坏	更换电机轴承
	出水阀门不能打开	对阀门进行维护
	水泵下端耐磨垫圈损坏严重或者被杂物堵塞	更换耐磨垫圈,清理杂物
电机电流长时间超过额定值	电源电压过高	检查电机电源电压
	水泵内部动静部件产生擦碰或叶轮与密封圈摩擦	检查水泵转动部件
排水泵绝缘电阻偏低	密封圈磨损或老化	更换密封圈并烘干电机
	电源线或者信号线破损引起进水	更换电源线或信号线

6. 监控与报警系统

监控与报警系统日常巡检与监测主要包括对系统内各子系统设备的日常巡检和设备运行状态的实时监测,做好记录(表 6-25、表 6-26)。专业检测、维修保养和大中修管理需根据相关规范执行。

安全防范系统日常巡检内容　　　　表 6-25

项目	巡检内容	方　法
存储设备	存储设备是否工作正常、存储空间是否充足	观察存储设备运行指示灯,查看运行日志

续表

项目	巡检内容	方 法
控制设备	画面质量是否清晰、切换功能是否正常、是否有积灰、设备工作是否正常	
摄像机	画面质量是否清晰、录像和变焦是否正常、插接件连接是否良好	
光纤传输设备	光纤是否连接良好	观察,测试
入侵检测设备	入侵检测是否已正常开启	
	报警设备工作状态是否正常	
电子井盖	开/关状态是否正常	

监控中心维护管理内容、要求及方法　　　　　表 6-26

项目	内容	要求	方法
公用设施	机房内防尘、防静电设施	防尘、防静电设施完好	观察、清洁
	消防灭火器材	消防灭火器材完好	消防年检
UPS 电源	蓄电池	测量记录容量、电压,容量不足及时更换	观察 UPS 运行参数、用万用表测量电池电压
机房环境	设备检查、清扫,风扇及滤网检查	环境整洁无积灰,通风散热良好,风扇及滤网无积尘	观察、清洁
设备接地	接地电阻值	接地电阻≤1Ω	使用接地电阻测试仪测试接地电阻

7. 标识系统

在管廊运营和维护的日常管理中,巡检人员需要对管廊标识系统进行日常检查,主要侧重于观察,对简介牌、管线标志铭牌、设备铭牌、警告标识、设施标识、里程桩号等表面是否清洁、是否有损坏、安装是否牢固、位置是否端正、运行是否正常等进行查看记录,根据实际情况和相关管理规定进行记录和维护。

6.3　市政管线运维管理

徐圩新区地下综合管廊入廊管线包括给水和污水、热力、天然气、通信和电力管线,同时管廊内部设有应急疏散通道。为加强管线管理,在管廊建设前期即编制并申请连云港市政府印发《连云港市地下综合管廊管理办法(试行)》,规范管廊入廊管理各项工作。管廊建设完工前由管廊建设主体申请连云港市城乡建设局、徐圩新区规划建设局,组织管廊管理、管线入廊管理和入廊管线收费等方面广泛征询意见,为各管线入廊管理工作打好基础。

管廊经竣工验收合格后,管廊运维管理单位与各管线单位签订入廊协议,明确双方管理权限与范围、责任与义务，原则管廊运营单位和管线单位共同负责管线的运维管理，日常巡检和监测由运营单位先进行，涉及维修通过智能运维系统链接相应管线单位安排维修。大中维修、专业检修由管线单位按规定进行，管廊运营单位配合，保障管廊安全稳定运营。

6.3.1　给水管道管理

江苏大道、西安路、环保二路和方洋路 4 个路段地下综合管廊都敷设给水管和原水管，部分给水管道在管廊建设期即入廊，管廊正式运维后应重点关注。

管廊内给水管和原水管的日常巡检与监测包括对管道、阀门、接头以及支吊架等附件的直观属性巡视和对管道压力、流量等参数的实时监测；管道的日常巡检可由管道权属单位和管廊运营管理单位共同开展，可在签订管线入廊协议时明确具体任务分工；管道巡检、检测、专业检测应做好记录，并根据相关规范进行维修保养（表 6-27、表 6-28）。

给水管道日常巡检内容

表 6-27

巡 检 内 容	巡 检 方 法	备　注
管道外观是否有损坏	目测	必要时拍照记录
管道接头处是否有渗漏水	目测	
阀门处是否有渗漏水	目测	
阀门外观是否有损坏	目测	
管道支墩混凝土是否损坏、漏筋	目测	
管道锚固件是否异常、松动	目测、手动测试	
支吊架外观是否锈蚀	目测	
管线上标识是否清洁、完好	目测	针对有外保温层的水管道
管道保温是否损坏	目测	
连接口是否开裂	目测	

给水管道专业检测内容

表 6-28

检 测 内 容	检 测 方 法	备　注
管道水压是否异常	水压检测传感器	检测时应做好检测记录
管道水质是否异常	管道取水样后实验分析	
管道内防腐状况	管道内窥检查设备	
阀门的启闭是否正常	由调度中心统一管理、操作由接受过专业培训的人员进行	

6.3.2　污水管道管理

污水管道中的污水通常会释放出有毒、易燃、易爆气体，因管渠敷设在管廊内，空间相对较封闭，增加了作业难度和危险，污水排水管渠权属单位作业人员进入管廊作业应加强对作业区段环境的监控并开启送排风机，加强对作业人员施工作业的监控，严格执行管廊动火作业制度。另外，污水管道自身的特点要求应重视防腐防漏巡检与监控工作。

日常巡检与监测包括对管道外观、管道接头、检查井以及支吊架等附件的直观属性巡视以及对管廊内有害气体的实时监测；专业检测和维修保养由管道权属单位负责，专业检测主要包括对管道水压、水质以及管道内外防腐性能的检查，同时应制订详细的维护作业计划、维护作业手册，加强对作业人员的培训及安全教育（表6-29）。

日常检查和监测包括管道外观、管道接头、检查井、支吊架和有害气体的实时监测；专业检查和维护由管道权属单位负责，专业检查主要包括对管道水压、水质以及管道内外防腐性能的检查（表6-30）。同时应制订详细的维护作业计划、维护作业手册，加强对作业人员的培训及安全教育。

污水管道日常巡检内容　　　　　　　　　　　　表 6-29

巡检内容	巡检方法	备　注
管道外观是否有损坏	目测	
管道接头处是否有渗漏水	目测	
管道支墩混凝土是否损坏、漏筋	目测	
管道锚固件是否异常、松动	目测、手动测试	
支吊架外观是否锈蚀	目测	必要时拍照记录
管线上标识是否清洁、完好	目测	
清扫口外观是否有损坏	目测	
检查口外观是否有损坏	目测	
检查井外观是否有损坏	目测	
透气管外观是否有损坏	目测	

污水管道专业检测内容　　　　　　　　　　　　表 6-30

检测内容	检测方法	备　注
管道水压是否异常	水压检测传感器	
管道水质是否异常	取水样后实验分析	检测时做好检测记录
管道内防腐状况	管道内窥检查设备	
管道内部是否异常	电视或者声呐检查	

6.3.3　热力管道管理

日常巡检与监测包括对管道保温层、管道接头及阀门等附件的直观属性巡视和对管道压力、温度等参数的实时监测，可由热力管道权属单位和管廊运维管理单位根据实际需要共同开展（表6-31）。

热力管道日常巡检内容 表 6-31

巡 检 内 容	巡 检 方 法	备　注
管道保温层是否有开裂、剥落	目测	必要时拍照记录
管道及附件是否有泄漏	目测	
供热期间管道上指针式仪表的读数是否在正常范围	目测	
阀门外观是否有损坏	目测	
管道支墩混凝土是否损坏、漏筋	目测	
管道锚固件是否异常、松动	目测、手动测试	
支吊架外观是否锈蚀	目测	
管线上标识是否清洁、完好	目测	

6.3.4　天然气管道管理

由于管廊空间相对密封，管廊内的天然气管道一旦发生泄漏后，如果遇火花，极易造成爆炸等事故，为保证天然气管道与管廊的安全运行以及管廊内作业人员安全，天然气管道权属单位和管廊运营单位运维管理部应严格按照日常巡检和检测要求作业，做好专业检测和维修保养工作（表 6-32、表 6-33）。

天然气管道日常巡检内容 表 6-32

巡 检 内 容	巡 检 方 法	备　注
管道外观是否有损坏	目测	必要时拍照记录
管道防碰撞保护设施是否损坏	目测	
管道上标识是否完好	目测	
管廊内警示标志是否完好	目测	
进出口、通风口、吊装口等地面设施的安全警示标识是否完好	目测	
管道安全保护距离内是否堆放有毒有害物质	目测	
阀门井内是否有积水、塌陷以及妨碍阀门操作的异物	目测	
阀门外观是否有损坏	目测	

天然气管道专业检测内容 表 6-33

检 测 内 容	检 测 方 法	备　注
管道气压是否异常	压力检测传感器	检测时应做好检测记录
管道泄漏检查	移动式气体监测装置	
管道防腐涂层及防腐情况	选点检查	
管道阀门	定期进行启闭操作，对于带执行机构的阀门应定期检查执行机构状态	

6.3.5 通信管道管理

江苏大道、西安路、环保二路和方洋路 4 个路段地下综合管廊都有通信，管廊设计和建设过程中不断征集各大通信单位入廊要求和意见，为入廊运维管理工作做了充分准备。各通信线缆权属单位和管廊运营单位共同开展日常巡检，包括对线缆、标识牌及敷设线缆桥架的直观属性巡视和对线缆运行状态的实时监测，并根据相关规范要求做好专业检测和维修保养工作（表 6-34、表 6-35）。

通信线缆日常巡检内容　　　　　　　　　　表 6-34

巡 检 内 容	巡 检 方 法	备　　注
管线外观是否有损坏	目测	
管线支架(桥架)是否有脱落	目测	必要时拍照记录
标识牌是否脱落	目测	

通信线缆专业检测内容　　　　　　　　　　表 6-35

检测内容	检测方法	备注
线缆故障测试	使用回路分析仪,对线缆的断路及混线等故障进行测试	
线路绝缘测试	直流电测试	必要时拍照记录
接地装置、接地电阻测试	兆欧表	

6.3.6 电力管道管理

日常巡检与监测包括对电力电缆、支吊架、标识牌等的直观属性巡视和对电缆运行温度的监测，可由电力电缆权属单位和管廊运营单位共同开展，并根据相关规范要求做好专业检测和维修保养工作（表 6-36、表 6-37）。

电力电缆日常巡检内容　　　　　　　　　　表 6-36

巡 检 内 容	巡 检 方 法	备　　注
电缆外观是否有损坏	目测	
电缆及接头位置是否固定可靠	目测,紧固	
接地线连接处是否牢固可靠	目测,紧固	
电缆及接头上的防火涂料或防火带是否完好	目测	必要时拍照记录
电缆支架是否有脱落	目测	
电缆标识牌是否完好	目测	

电力电缆专业检测内容　　　　　　　　表 6-37

检 测 内 容	检 测 方 法	备　　注
电缆线路故障	电缆故障检测仪	
线路、接头绝缘检测	直流电测试	检测时应做好检测记录
防雷接地系统检查	放电装置测试	

6.4　安全管理及措施

徐圩新区地下综合管廊是重要的市政公用设施，管廊安全可靠运行关系整个城市安全运行，管廊的安全与应急管理尤为重要。同时，作为石化基地和徐圩生态工业园区的配套工程设施，运维管理单位更加重视管廊安全和应急管理工作。

6.4.1　安全管理

管廊安全管理主要是针对管廊运维管理过程中，对于管廊相关的日常巡检、维修及养护等各作业的安全管控，由运维管理单位的领导牵头、运维管理部责任部门负责，入廊管线单位等共同配合。

根据管廊自身的特殊性和管廊运维管理需要，制定管廊安全操作与防护管理制度、安全保卫制度、安全培训与检查制度、安全技术保障制度等系列制度保证管廊安全管理"有法可依"，成立安全领导小组，安全员需经专业培训并做到"执法必严、违法必究"，加强管廊的安全管理，努力做好防事故、保安全工作。

同时，利用管廊智能化运维平台，实现 24h 不间歇安全管理、系统即时响应，提高了安全管理效率。

6.4.2　应急管理

管廊为徐圩新区打造新型石化基地和地态园区提供产业配套保障，因徐圩新区地处沿海，自然灾害多发，管廊凭借自身结构牢固大幅降低甚至避免管线损害。近年我国化工灾害时有发生，管廊具备 1.8～2m 宽的疏散通道，与地面应急指挥中心、医疗救援中心和工业邻里中心实现互联互通，承担着徐圩新区防灾抗灾和应急疏散的功能。

为有效预防和应对管廊突发事件，最大限度降低事故危害程度，建立与公安、消防、电力、电信、热力、供水等相关单位的应急联动机制，保障人民生命、财产安全，根据国家、省、市有关法律法规规定，结合连云港市实际和徐圩新区规划建设要求，以"预防为主、分工负责、统一指挥、分级响应"为原则，制定科学完善的应急预案，成立应急指挥机构确定应急管理专员及其职责，建立预警预防机制、应急响应机制，制定应急处理与保障制度（表 6-38）。

应急响应分级 表 6-38

突发事件等级	等级信息描述
Ⅰ级	特别重大地下综合管廊突发事件：指突然发生、事态非常复杂，造成或者可能造成 30 人以上死亡，或者特别重大直接经济损失的地下综合管廊突发事件
Ⅱ级	重大地下综合管廊突发事件（Ⅱ级）：指突然发生、事态复杂，造成或者可能造成 10 人以上、30 人以下死亡，或者重大直接经济损失的地下综合管廊突发事件
Ⅲ级	较大地下综合管廊突发事件（Ⅲ级）：指突然发生、事态较为复杂，造成或者可能造成 3 人以上、10 人以下死亡，或者较大直接经济损失的地下综合管廊突发事件
Ⅳ级	一般地下综合管廊突发事件（Ⅳ级）：指突然发生、情况比较简单，造成或者可能造成 1 人以上、3 人以下死亡，或者较小直接经济损失的地下综合管廊突发事件

6.4.3 管廊专项应急预案

1. 人员安全事故处置措施

（1）迅速将伤员脱离危险地带，移至安全地带。

（2）综合管廊运营管理单位立即拨打 120 与当地急救中心取得联系，或直接送往附近医院，应详细说明事故地点、严重程度、本部门的联系电话，并派人到路口接应，同时立即向应急救援指挥部报告。

（3）项目技术负责人、机电工程师立即到达现场，首先查明险情，确定是否还有危险源。与应急救援相关人员商定初步救援方案，并向安全生产委员会汇报，经负责人汇报批准后，现场组织实施。

（4）实施现场救援。

（5）记录伤情，现场救护人员应边抢救边记录伤员的受伤机制、受伤部位、受伤程度等第一手资料。

2. 火灾事故处置措施

（1）运营管理单位立即联系消防部门并通知入廊管线单位。

（2）运营管理单位查明险情，切断电源，开展应急抢险救援工作。

（3）清查人员伤亡情况，并进行救援。

（4）火灾爆炸专业负责人立即到达现场，与应急救援相关人员商定初步救援方案，并向安全生产委员会汇报，经负责人汇报批准后，组织扑救火灾。按照"先控制、后灭火，救人重于救火，先重点后一般"的灭火战术原则进行。

（5）协助消防员灭火。当专业消防队到达火灾现场后，在自救的基础上，还要简要地向消防队负责人说明火灾情况，并全力配合消防队员灭火。

（6）记录伤情，保护现场。

（7）启动现场恢复工作。

3. 管线事故处置措施

（1）压力管道爆管

发生爆管的入廊管线均为压力流管道，主要包括给水管道、热力管道、压力污水管道。在爆管事件发生后，综合管廊运营管理单位应迅速对事件进行分级定位并判明事件原因，迅速通知管线单位和相关行政主管部门，启动相应应急预案；立即检查相邻管线是否受到破坏，若相邻管线受到损伤，综合管廊运营管理单位应立即通知入廊管线权属单位进行故障检查及维修；迅速通知入廊管线权属单位切断爆管管线进行抢修，工作人员在进行抢修的过程中应注意自身防护；爆管事故处理完毕之后综合管廊运营管理单位应迅速对廊体和相邻管线进行安全检查，并应加强对该部位的监控和巡查（一天不少于 1 次，持续一个月），若发现存在异常情况应及时进行维修。

（2）天然气管道泄漏

综合管廊天然气泄漏事件一旦发生，综合管廊运营管理单位立即对泄漏事故进行分类，并通知相关权属单位和相关行政主管部门，启动相应应急预案；尽快了解现场情况，建立隔离区，控制火种，严禁启闭电器开关及使用电话；运用专业仪器连续监测天然气浓度，在天然气大量泄漏且浓度不处于爆爆极限内时，在保证工作人员安全的前提下可采用管道封堵技术更换，应在 36h 内完成更换；当天然气浓度处于爆炸极限内时，应强制通风使天然气浓度降低并处于爆炸极限以外，方可进行抢修工作；综合管运营管理单位在事故处理完毕之后应对发生事故的重点部位加强监控和巡查（一天不少于 1 次，持续一个月），防止事故再一次发生。

（3）高压电缆接头爆炸

综合管廊高压电缆接头爆炸事件一旦发生，综合管廊运营管理单位立即对事件进行分级定位并迅速通知入廊管线单位和相关行政主管部门，启动应急预案，组织开展调查处理和应急工作；在确保机器设备完好无损的前提下，应立即联系电力主管部门切断电力供应，并检查相邻管线是否受到破坏；迅速通知入廊管线权属单位进行断电抢修。在高压电缆接头爆炸引起火灾时，应立即启动火灾应急预案进行处理；事故处理完毕之后综合管廊运营管理单位应迅速对管廊廊体和相邻管线进行安全检查，若发现存在异常情况应及时进行维修。

6.5　运维收费标准

地下综合管廊运维收费标准是管廊运营维护单位向各类入廊的市政管线运营单位收取管廊有偿使用费而制定的，包括入廊费和日常维护费用两部分。徐圩新区地下综合管廊有偿使用收费标准是经过对国内外众多城市地下综合管廊运行收费进行研究，对本管廊建设成本进行分析核算，并与本地的燃气公司、通信公司、供电公司、给水排水公司、热力公司等市政管线运营单位进行多轮磋商，确立了入廊收费和日常维护费测算的基本思路。

6.5.1 管线入廊费

入廊费采用直埋敷设成本加间接成本法计算，理论上不增加入廊管线单位的负担，不论从投资资金上还是心理上都容易让入廊管线单位接受。入廊费＝直埋敷设成本＋间接成本。直埋敷设成本为：对应各管线的直埋成本×各管线 100 年内重复敷设次数 n。间接成本为："对应各管线的直埋成本×各管线 100 年内重复敷设次数 n"的 5％取值。入廊费可一次性支付或分期支付。

6.5.2 日常维护费

日常维护费采用空间分摊法计算，将管廊的建设成本按照各管线在管廊中的空间占比进行分配，本方法可以消除政府管廊投资建设管廊的债务，但是会增加管线单位的入廊成本。计算公式为：各入廊管线日常维护费＝管廊建设成本×各管线在管廊中的空间占比。其中空间占比包括管线实际占用空间、各管线专属空间、公共空间平分三部分。

有偿使用收费标准是作为预付结算标准，实际运营一年或两年后，将根据实际运营成本按照法定程序进行定价成本监审，调整预收的日常维护费。制定正式收费标准并对预付结算标准进行多退少补。

考虑到徐圩新区地下综合管廊设置了人员疏散通道，在计算日常维护费中所采用的空间分摊法时，对人员疏散通道所占面积进行了核减。

6.5.3 入廊费与日常维护费收费标准

综合多方意见并经过以上测算，制定了徐圩新区地下综合管廊有偿使用收费标准试行版本，如表 6-39 所示。

徐圩新区地下综合管廊有偿使用收费参考标准　　　　　　　　　　表 6-39

序号	工程类别	入廊费		日常维护费收费标准	逐年支付入廊费和日常维护费合计
		一次性入廊费收费标准	逐年支付入廊费收费标准		
1	给水工程	［元/m］	［元/(m•a)］	［元/(m•a)］	［元/(m•a)］
	DN500	2314.2	114.35	68.38	182.73
	DN600	2583	127.63	92.06	216.69
	DN800	3095.4	152.95	113.25	266.20
	DN1200	5046.3	249.35	336.00	585.35

序号	工程类别	入廊费		日常维护费收费标准	逐年支付入廊费和日常维护费合计
		一次性入廊费收费标准	逐年支付入廊费收费标准		
2	原水工程	[元/m]	[元/(m·a)]	[元/(m·a)]	[元/(m·a)]
	DN500	2314.2	114.35	295.02	409.37
	DN1000	4273.5	211.17	85.13	296.30
3	污水工程	[元/m]	[元/(m·a)]	[元/(m·a)]	[元/(m·a)]
	DN400	2379.3	117.57	156.77	274.34
	DN800	5126.1	253.3	286.65	539.95
4	热力工程	[元/m]	[元/(m·a)]	[元/(m·a)]	[元/(m·a)]
	DN500	4557.94	225.22	72.09	297.31
	DN600	5279.22	260.86	73.07	333.93
5	天然气工程	[元/m]	[元/(m·a)]	[元/(m·a)]	[元/(m·a)]
	DN350	2214.58	109.43	168.87	278.30
6	通信工程	[元/m]	[元/(m·a)]	[元/(m·a)]	[元/(m·a)]
	通信管道 φ110	203.20	10.04	3.97	14.01
7	电力工程	[元/(m·回路·a)]	[元/(m·回路·a)]	[元/(m·回路·a)]	[元/(m·回路·a)]
	10kV 电缆	416.75	20.60	5.62	26.22
	110kV 架空线	1356.60	67.03	24.75	91.78
	220kV 架空线	1708.39	84.41	26.01	110.42
8	应急疏散通道工程	[万元]	[万元/a]	—	—
		28321.6	1399.46	—	—

备注：1. 七大管线逐年支付入廊费按照 100 年等额本息法计算，利率取值为基本利率（4.9%）。

　　　2. 应急疏散通道工程运维费按照 30 年租赁期折算支付，30 年等额本息法计算，利率取值为基准利率（4.9%）。

第7章 地下综合管廊智能化平台

　　城市地下综合管廊肩负着信息传输、能源输送、废水排放等多种功能，整合了维持城市功能的自来水、燃气、电力、通信管线等。为了保障地下综合管廊的安全，提高地下综合管廊运维水平、应急能力和经营管理水平，徐圩新区地下综合管廊智能化平台采用了云计算、大数据、物联网、GIS、BIM等高新技术。

7.1 系 统 概 述

7.1.1 管廊建设任务

徐圩新区地下综合管廊建设任务可以分为四个部分：

（1）土建施工：包括土石方工程、地基处理工程、主体工程和装饰装修工程等。

（2）附属设施安装：包括供电系统、照明系统、消防系统、通风系统、排水系统及标识系统。

（3）监控与报警：包括地下综合管廊本体结构监测系统、环境与附属设施监控系统、安全防范系统、监控与预警系统、专业管线监控系统。

（4）运营平台：包括综合集成与管控系统、智能运维系统、经营管理系统、应急救援系统等。

图 7-1　建设任务及各部分关系

地下综合管廊四大建设任务组成了一个有机整体，其中土建施工是主体工程，是地下综合管廊的"躯干"与"四肢"；附属设施安装是配套工程，是地下综合管廊的"心脏"与"血液"；监控与报警是感知工程，是地下综合管廊的"五官"与"感觉"；运营平台是智慧工程，是地下综合管廊的"大脑"与"思维"。从土建施工，到安装附属设施、监控与报警系统，最后建设运营平台，是地下综合管廊从一个无生命的物体到智慧体的进化过程（图 7-1）。

7.1.2　智能化平台建设意义

徐圩新区地下综合管廊智能化平台的建设，包括地下综合管廊数据中心、综合数据服务平台、地理信息系统平台、协同管理平台、地下综合管廊监控子系统接入、地下综合管廊三维建模、地下综合管廊 360°全景图、地下综合管廊综合集成与管控系统、地下综合管廊智能运维系统、地下综合管廊经营管理系统、综合管廊应急抢险系统、地下综合管廊移动终端 APP 和综合管廊 VR 应用系统。地下综合管廊智能化平台是整个综合管廊建设的核心和灵魂，具备以下重要意义：

1. 保障管廊本体安全

地下综合管廊智能化平台全面接入综合管廊结构监测系统、环境与设备监控系统、安全防范系统、通信系统、预警与报警系统的数据，对综合管廊结构、环境和设备的全方位的监控，可实时掌握综合管廊的运行状态，对异常状态进行分析、报警和及时处置，保障综合管廊的运行安全和运维人员的人身安全。

2. 保障专业管线安全

地下综合管廊智能化平台与各专业管线配套监控系统连通，并进行有效集成。当专业管线出现问题时，联动控制综合管廊内通风、照明、排水、消防等系统，确保综合管廊和各专业管线的运行安全。

3. 提高管廊运维水平

地下综合管廊智能化平台建立了科学的运维体系，充分利用大数据分析工具，对地下综合管廊本体以及各专业管线的监测数据进行综合分析和处理，为运维工作提供智能服务，并结合运维人员的日常巡检，实现对综合管廊自身的结构、环境、附属设施以及监控设备的运维，以及对各专业管线的运维。

4. 提高应急响应能力

地下综合管廊智能化平台建立完善的应急抢险指挥体系，对应急队伍、应急物资、应急预案进行有效管理，并能够进行安全隐患排查、应急演练、应急会商、综合研判和应急指挥，提高对应急事件的响应和处理能力。

5. 提高管廊管理水平

地下综合管廊智能化平台建立经营管理体系，对入廊企业信息、地下综合管廊建设及维修档案、运维人员档案、运维车辆、收费管理、运营成本等进行综合管理，并提供查询、统计和分析服务，提高地下综合管廊运营单位的工作效率和管理水平。

7.2　智能化平台的构建

7.2.1　构建目标

徐圩新区地下综合管廊智能化平台建设的总体目标是充分利用云计算、大数据、物联网、GIS、BIM、VR 等高新技术，建设以"本质安全、智能运维、高效管理、应急指挥"为核心内容的智能化平台，实现徐圩新区综合管廊的数字化、信息化和智能化管理。具体目标如下：

（1）接入地下综合管廊环境与设备监控系统、安全防范系统、通信系统、可燃气体泄漏报警系统、火灾自动报警系统、专业管线监控系统等各个地下综合管廊监控子系统数据，对各个子系统进行综合集成，实现联动报警与联动控制，确保地下综合管廊本体、附属设施与专业管线安全。

（2）利用大数据分析工具，对地下综合管廊本体以及各专业管线的监测数据进行综合分析和处理，实现综合管廊智能运维。

（3）建立经营管理体系，对入廊企业信息、地下综合管廊建设及维修档案、运维人员档案、运维车辆等进行综合管理，并提供查询、统计和分析服务，提高地下综合管廊运营单位的工作效率和管理水平。

（4）建立完善的应急抢险指挥体系，对应急队伍、应急物资、应急预案进行有效管理，并能够进行安全隐患排查、应急演练、应急会商、综合研判，为地下综合管廊统一有效的应急指挥提供辅助工具。

7.2.2　系统架构

地下综合管廊智能化平台体系结构如图 7-2 所示，采用 SOA 架构顶层设计，按照"1234"模式，即 1 张网（综合管廊监控各个子系统），2 个中心（监控中心与数据中心）、3 个平台（综合数据服务平台、地理信息系统平台和协同管理平台）、4 个典型智慧应用（综合管廊综合集成与管控系统、综合管廊智能运维系统、综合管廊经营管理系统和综合管廊应急抢险系统）。同时平台还支持移动终端和虚拟现实体验。综合管廊智能化平台采用分层，内部交互采用 6 层的总体框架，从下到上依次为：感知层、传输层、数据层、平台层、应用层和展现层。

1. 感知层

感知层包括对管廊本体安全、环境与附属设施安全和管线安全进行监控的各个子系统，实现"安全监管、集成融合、智能联动"。

感知层的建设主要包括结构监测系统、环境与设备监控系统、安全防范系统、通信系统、预警与报警系统。

1）结构监测系统

管廊自身结构稳固是整个管廊在安全建设和后期安全运营的内在关键因素。地下综合管廊工程为线形工程，管廊中一个结构单元产生破坏，都会影响整个地下综合管廊的运营。结构监测系统主要对管廊沉降、管廊扭转、接缝张开情况进行监测。

2）环境与设备监控系统

环境与设备监控系统主要功能是采集管廊内各区间的环境参数，如温度、湿度、氧含量、硫化氢含量、集水坑液位等，并根据环境信息，自动/手动启动相应的环境控制设备

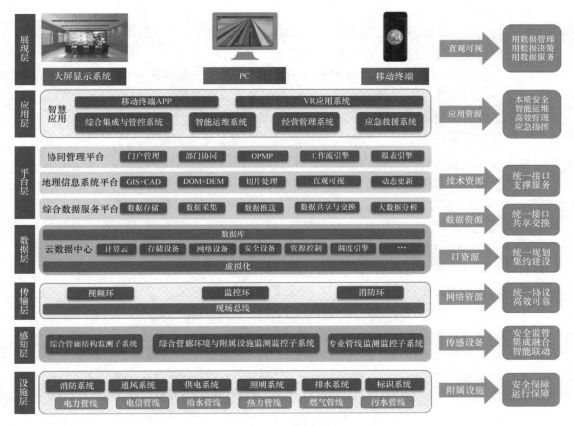

图 7-2　系统架构

（如排水泵、排风机、照明等设备）。环控设备、配电设备的运行状态信号、故障信息、电量信号等相关信号由各区域控制器采集，为管廊内各设备提供一个安全、可靠、稳定、高效的运行环境，并达到节能和环保的相关管理要求。

　　3）安全防范系统

　　安全防范系统是由入侵报警系统、视频监控系统、出入口控制系统、电子巡查管理系统、电力井盖监控系统组成的集成式安防系统，能集成在一个平台下统一管理。系统采用结构化、规范化、模块化、集成化的配置，构建先进、可靠、经济、适用和配套的安全防范系统。安全防范系统对各子系统进行统一监控与管理，安全防范系统的故障不影响各子系统的运行，某一子系统的故障也不影响其他子系统运行。

　　4）通信系统

　　为便于地下综合管廊的管理、巡检和线缆敷设施工以及紧急情况下的各区间工作人员之间、现场工作人员与监控中心值班人员之间通信联络。本系统建设目标是建设有线通信系统、无线通信系统、扩播系统。各系统间深度整合，由监控中心统一管理、调度，并提供符合信息化应用功能所需的各类信息设备系统组合的设施条件。

　　5）预警与报警系统

　　预警与报警系统包括火灾自动报警系统、防火门监控系统和可燃气体泄漏报警系统。

107

2. 传输层

传输层是整个平台的网络基础设施，采用有线光纤网络，分为视频环网、监控环网和消防环网，实现"统一协议、高效可靠传输"。

（1）一体化传输设计。一体化传输平台提供带宽为千兆的工业以太网络，并设计Vlan以提供基于大数据量的视频、及时响应控制低延迟语音等QoS网络服务，保证了各类型应用系统的传输技术指标需求。

（2）数据传输QoS设计。根据城市管廊综合监测系统应用特点，可分为以下五类数据：监测类数据、控制类数据、报警类数据、视频类数据、语音类数据。

传输网络设计需要保证上述应用类数据的QoS，传输网络采用Differentiated Service（区分服务模型）设计思路：设计Vlan，逻辑上让各类应用系统独立成网；针对大数据量的视频监控，传输网络设计为1000M，采用分段本地传输，控制访问权限；报警类、控制类数据采用"虚拟专线"设计，同时设计本地手段控制、本地自动控制和远程自动控制三级权限；IP语音数据包传输采用语音压缩、回音消除、静噪抑制、话音抖动处理、话音优先、包分割和前向纠错技术优化IP语音通话中的语音质量。

3. 数据层

对地下综合管廊的所有数据进行统一的规划和设计，在计算资源和存储资源虚拟化的基础上，制定数据标准体系，提供数据采集、存储、发布、访问和分析等数据服务和接口，实现综合管廊数据的统一存储和访问，对数据进行全生命周期的管理，为平台的数据共享与交换、系统集成、信息融合、联动应用、决策分析提供有力保障。

徐圩新区地下综合管廊数据层的建设包括基础设施建设、数据标准体系建设、综合数据库建设、地下综合管廊三维建模、地下综合管廊360°全景图和地下综合管廊监控子系统接入等内容。

1）基础设施建设

基础设施建设包含统一交换网络、存储资源池、计算资源池、虚拟化管理平台，为信息资源提供存储、计算，并为数据中心提供运行、运维、运营管理。基础设施建设要"统一规划、集约建设"。

2）数据标准体系建设

数据标准体系建设是数据中心建设的重要保障，将直接关系到数据共享、系统集成、信息融合与联动应用的成功与否，关系到整个平台的持续接入与应用扩展等。数据标准体系建设包括统一的坐标标准、统一的数据定义标准、统一的数据接口标准和统一的数据安全标准。

3）综合数据库建设

综合数据库是数据中心建设的重要内容。综合数据库包括综合管廊监控子系统实时数据库、综合管廊监控子系统历史数据库、综合管廊空间数据库、综合管廊BIM数据库、综合管廊业务数据库和相关部门基础数据库。在统一的坐标标准、统一的数据定义标准、统一的数据接口标准和统一的数据安全标准的支持下，综合数据库采用大集中的部署方式，形成一个统一的数据中心，进行统一管理。

　　4）地下综合管廊三维建模

　　地下综合管廊三维建模是按照 1 ∶ 1 比例、真实材质对综合管廊地表环境及构筑物、综合管廊监控中心、综合管廊地下构筑物及附属设施、综合管廊监控各子系统硬件设备等所有要素进行建模，在三维场景中真实再现综合管廊。综合管廊三维建模包括综合管廊地表环境及构筑物建模、综合管廊监控中心建模、综合管廊地下构筑物及附属设施建模和综合管廊监控子系统硬件设备建模。

　　5）地下综合管廊 360°全景图

　　地下综合管廊 360°全景图是利用专业摄影相机环拍 360°所得的一组照片，再通过专业软件无缝处理拼接所得的一张全景图像。利用 360°全景图，可实现综合管廊每个舱室的连续漫游，全景图之间自动切换。360°全景图和三维环境相结合，在综合管廊漫游过程中，两者能够联动和同步。360°全景图应能叠加到三维模型之上，在漫游过程中，可以在各种监测传感器安装位置显示实时数据。

　　6）地下综合管廊监控子系统接入

　　地下综合管廊监控子系统包括结构监测系统、环境与设备监控系统、安全防范系统、通信系统、预警与报警系统、专业管线监控系统和智能机器人系统。为了实现各个子系统之间的联动，首先需要对子系统数据进行接入，然后再在此基础上进行集成和融合。

　　4. 平台层

　　平台层是基础服务支撑平台，通过"统一接口"，为整个系统提供数据、GIS 和协同管理三个方面的技术支持服务，包括综合数据服务平台、地理信息系统平台和协同管理平台。

　　1）综合数据服务平台

　　综合数据服务平台负责提供与综合管廊数据资源相关的服务，包括数据存储服务、实时数据采集服务、实时数据推送服务、数据共享与交换服务和大数据分析服务。

　　2）地理信息系统平台

　　地理信息系统平台包括二维地理信息系统平台（2D GIS）和三维地理信息系统平台（3D GIS），为综合管廊各类应用提供基于位置的服务。

　　3）协同管理平台

　　协同管理平台以权限控制和流程化管理为基础，以传统 PC 界面、即时通信系统、移动通信系统为系统入口，以综合管廊智能化平台所涉及的各专业信息为内容，以网络共享和终端通讯为信息发布模式，实现各专业业务的网络化与流程化管理，实现专业文档、数据、报表与图形的网络填报、汇总与审批，从而做到及时、有效、便捷的沟通和决策。

　　协同管理平台包括：组织机构与权限管理平台、工作流引擎、报表服务、日志服务、门户管理服务、搜索引擎。

　　5. 应用层

　　应用层从"本质安全、智能运维、高效管理、应急指挥"四个方面实现智慧运营管理，包括综合管廊综合集成与管控系统、综合管廊智能运维系统、综合管廊经营管理系统、综合管廊应急抢险系统、综合管廊移动终端 APP 和综合管廊 VR 应用系统。

1）地下综合管廊综合集成与管控系统

地下综合管廊综合集成与管控系统在 BIM、2D GIS、3D GIS、全景等技术的支持下，真实再现综合管廊三维环境，负责将综合管廊各个监控子系统进行综合集成，实现数据融合，实现联动报警，并可进行联动控制和综合管廊安全评价。主要包括基本功能、实时数据集成、综合信息集成（信息查询、对象定位、拓扑关系查询）、联动报警、远程控制和安全评价。

2）地下综合管廊智能运维系统

地下综合管廊智能运维系统在综合管廊运维规范的指导下，充分利用大数据分析工具，对综合管廊本体以及各专业管线的监测数据进行综合分析和处理，为运维工作提供智能服务，并结合运维人员和智能巡检机器人的日常巡检，实现对综合管廊自身的结构、环境、附属设施以及监控设备的运维，以及对各专业管线的运维。

3）地下综合管廊经营管理系统

地下综合管廊经营管理系统对入廊企业信息、综合管廊建设及维修档案、备件、培训、入廊收费、成本等进行综合管理，并提供查询、统计和分析服务，提高综合管廊运营单位的工作效率和管理水平。

4）地下综合管廊应急抢险系统

地下综合管廊应急抢险系统对应急队伍、应急物资、应急预案进行有效管理，并能够进行安全隐患排查、应急演练、应急会商、综合研判和应急指挥，提高对应急事件的响应和处理能力。

5）地下综合管廊移动终端 APP

地下综合管廊移动终端 APP 是移动终端的综合管廊应用软件，包括管廊安全、管廊运维、管廊经营管理和管廊应急等模块，用于综合管廊运维人员的巡检、维修和应急联络等业务应用。

6）地下综合管廊 VR 应用系统

地下综合管廊 VR 应用系统利用 VR 硬件设备，模拟产生一个综合管廊三维空间的虚拟世界，提供使用者关于视觉、听觉、触觉等感官的模拟，让使用者如同身历其境一般，可以及时、没有限制地观察三度空间内的事物。综合管廊 VR 应用系统可以实现虚拟漫游、信息查询和远程控制功能。

7.2.3　硬件架构

系统采用三层结构，包括信息层、控制层和设备层。

（1）信息层设备设于综合管廊监控中心或分控中心，包括数据服务器、WEB 服务器、视频服务器、工作站、打印机、光纤测温主机等。采用浏览器/服务器（B/S）结构的计算机局域网、网络形式，数据服务器采用双机热备系统，控制中心设备由双回路电源供电。

（2）控制层由各区域控制器和消防控制柜组成。在综合管廊每两个防火分区设置一套区域控制器和消防控制柜，区域控制器主要用于管廊各仪表信息的接入，风机、水泵、照明的控制和状态监测，以及通过其内部主干传输交换机组建光纤型以太网环网通信。消防控制柜主要用于管廊区域报警与联动装置、可燃气体报警装置、防火门控制装置、电气火灾监控装置、应用照明与指示装置的接入和控制。

（3）设备层由多参数传感器（氧气、温湿度）、硫化氢气体检测仪、点型可燃气体探测器（甲烷）、入侵探测器、远程总线 I/O 模块、感温传感器、测温光纤等现场设备组成。

7.2.4　建设内容

徐圩新区地下综合管廊智能化平台充分利用云计算、大数据、物联网、GIS、BIM、VR 等高新技术，建设以"本质安全、智能运维、高效管理、应急指挥"为核心内容的智能化平台，实现徐圩新区综合管廊的数字化、信息化和智能化管理。

整个徐圩新区智慧综合管廊建设可以概括为"1234"，即"一张网、两个中心、三个平台、四个智慧应用"。"一张网"指综合管廊监控各个子系统，"两个中心"是监控中心与数据中心，"三个平台"是综合数据服务平台、地理信息系统平台和协同管理平台，"四个智慧应用"分别为综合管廊综合集成与管控系统、综合管廊智能运维系统、综合管廊经营管理系统和综合管廊应急抢险系统。

徐圩新区地下综合管廊智能化平台是徐圩新区综合管廊智慧化建设的重要组成部分，是其"灵魂"和"大脑"，主要内容包括：综合管廊数据中心、综合数据服务平台、地理信息系统平台、协同管理平台、综合管廊监控子系统接入、综合管廊三维建模、综合管廊360°全景图、综合管廊综合集成与管控系统、综合管廊智能运维系统、综合管廊经营管理系统、综合管廊应急抢险系统、综合管廊移动终端 APP 和综合管廊 VR 应用系统。

为了便于理解系统架构，对主要建设内容按照层次结构进行了如下组织：

1. 据层设计

（1）综合管廊数据中心（包括基础设施建设、数据标准体系建设、综合数据库建设）；

（2）综合管廊三维建模；

（3）综合管廊 360°全景图；

（4）综合管廊监控子系统接入等功能模块。

2. 平台层设计

（1）综合数据服务平台；

（2）地理信息系统平台；

（3）协同管理平台等功能模块。

3. 应用层设计

（1）综合管廊综合集成与管控系统；

（2）综合管廊智能运维系统；

（3）综合管廊经营管理系统；

（4）综合管廊应急抢险系统；

（5）综合管廊移动终端 APP；

（6）综合管廊 VR 应用系统等功能模块。

7.3　物联网技术应用

7.3.1　物联网设备接入

为了实现地下综合管廊廊内各个系统之间的联动，首先需要对子系统数据进行接入，然后再在此基础上进行集成和融合。徐圩新区综合管廊智能化平台集成接入的物联网设备包括结构监测系统、环境与设备监控系统、安全防范系统、通信系统、可燃气体泄漏报警系统、火灾自动报警系统、专业管线监控系统等系统设备。

系统集成需要制定统一的数据协议，调用综合数据服务平台的数据采集服务进行综合管廊监控子系统的接入。

1. 通用要求

1）测点定义

各个子系统监测项均需要接入测点定义信息，在此处做统一要求。测点定义信息包括测点名称、测点类型、单位、量程、精度、报警级别定义、报警类型定义及报警值定义。

2）监测实时值通用规定

各个监控子系统上传的实时值一般均需包含测点号、监测时间和实时值。如果达到报警上限，还需上传报警级别和报警状态。

3）传感器运行状态数据

各子系统均需上传其传感器的运行状态数据，包括断线、掉电、故障、标校等。

2. 结构监测系统

结构监测系统主要对管廊沉降、管廊扭转、接缝张开情况进行监测。需要接入的数据包括：

（1）管廊沉降实时监测值、累加值、报警信息。

（2）管廊扭转实时监测值、累加值、报警信息。

（3）接缝张开实时监测值、累加值、报警信息。

3. 环境与设备监控系统

环境与设备监控系统主要功能是采集管廊内各区间的环境参数，如温度、湿度、氧含量、硫化氢含量、集水坑液位等，并根据环境信息，自动/手动启动相应的环境控制设备，如排水泵、排风机、照明等设备（图 7-3）。

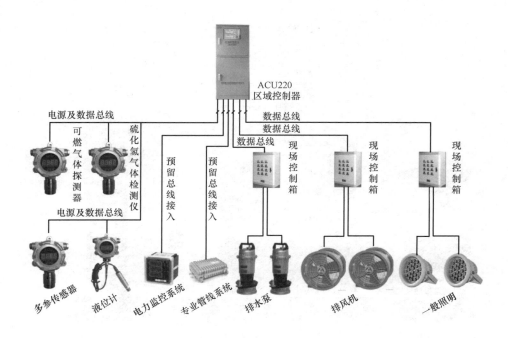

图 7-3　环境与设备监控系统结构

1) 环境监测系统

环境监测系统对管廊内环境参数进行检测与报警。需要接入的数据包括：温度（实时值、报警信息）、湿度（实时值、报警信息）、水位（实时值、报警信息）、氧气（实时值、报警信息）、甲烷（实时值、报警信息）、硫化氢（实时值、报警信息）、集水坑液位（实时值、报警信息）。

2) 设备监控系统

设备监控系统对通风设备、排水泵、照明、供电等设备进行状态监测和控制。需要接入的数据包括：通风设备状态值（开、停），通风设备电压、电流实时值；排水泵状态值（开、停），通风设备电压、电流实时值；照明设备状态值（开、关），报警信息；变配电所相关电气设备的电量参数，主要进出线开关分合状态和故障跳闸报警信息，变压器的运行状态和高温报警信息；其他设备状态值。

4. 安全防范系统

安全防范系统包括视频监控系统、入侵报警系统、出入口控制系统、电子巡查管理系统（图 7-4）。

1) 视频监控系统

视频监控系统的摄像机安装在综合管廊内设备集中安装地点、人员疏散口、变配电间和监控中心，需要将摄像机实时视频信号接入平台。

2) 入侵报警系统

综合管廊人员疏散口、通风口、投料口等外部人员容易入侵的位置设置入侵报警探测装置和声光报警器。外部人员进入时，通过分区 ACU，及时向监控中心报警，并联动监

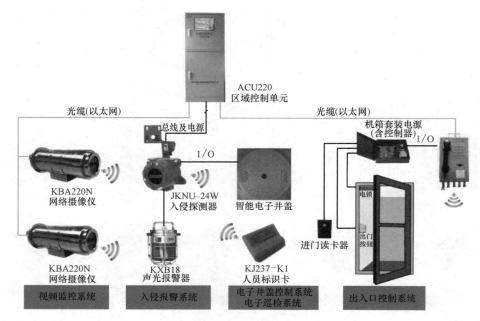

图 7-4　安全防范系统结构

控中心安防工作站、监控大屏的相应区间和位置的图像元素闪烁，产生语音报警信号，以便控制中心采取相应措施。

入侵报警系统需将报警信息接入，包括入侵报警探测装置编号、报警时间等。

3）出入口控制系统

出入口控制系统是采用现代电子设备与软件信息技术，在出入口对人或物的进、出进行放行或拒绝，记录和报警等操作的控制系统。出入口控制系统需要接入的数据包括：出入人员编号、出入时间、出入口控制装置编号、报警信息。

4）电子巡查管理系统

电子巡查管理系统是在管廊内布设无线基站，实现管廊内无线覆盖，而巡检人员参与巡查时，只需使用手持设备即可进行位置信息实时上传，实现人员定位和巡检功能。电子巡查管理系统需要接入的数据包括：巡检人员手持设备编号、巡检人员位置、巡检记录。

5）通信系统

为便于综合管廊管理、巡检和线缆敷设施工以及紧急情况下的各区间工作人员之间、现场工作人员与监控中心值班人员之间通信联络。通信系统建设目标是建设有线通信系统、无线通信系统、扩播系统。各系统间深度整合，由监控中心统一管理、调度，并提供符合信息化应用功能所需的各类信息设备系统组合的设施条件（图 7-5）。

5. 可燃气体泄漏报警系统

可燃气体泄漏报警系统在燃气舱内设置甲烷传感器，并可燃气体报警控制器。需要接入的数据主要是甲烷的实时值、报警级别和报警状态。

火灾自动报警系统在管廊内沿电力电缆设置线型感温火灾探测器，在舱室顶部设置线型感温火灾探测器或感烟火灾探测器，并可进行报警。需要接入的数据主要是电缆温度实

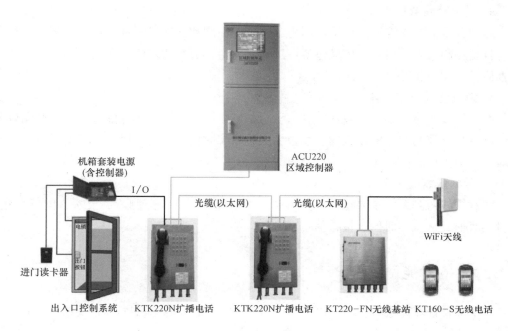

图 7-5　通信系统结构（舱室内部）

时值、报警级别和报警状态。

7.3.2　专业管线监控系统

徐圩新区地下综合管廊入廊管线主要有电力、电信、给水、热力、燃气、污水管线。每类管线均需要配置监控系统。

1. 电力电缆监测系统

电力电缆监测系统主要对电缆局部放电、温度、接地电流进行在线监测，包括电缆接头局放在线监测系统、分布式光纤测温系统、接地电流监测系统。

1）电缆接头局放在线监测系统

需要接入基本局部放电参数实时值：放电量，放电相位，放电次数以及报警信息。

2）分布式光纤测温系统

需要接入电缆温度实时值和报警信息。

3）接地电流监测系统

可以对电缆的护套电流的波形、幅值大小进行监测和报警，需要接入：电流波形、幅值实时值及报警信息。

2. 给水管线监控系统

给水管线监控系统主要包括对压力、流量、水位、水质和管线渗漏进行在线监测以及对阀门进行自动控制。需要接入的信息包括：压力实时值、流量实时值、水位实时值、水质参数实时值（包括余氯、浊度、pH 等）、管线渗漏报警信息、阀门状态。

3. 热力管线监控系统

热力管线监控系统主要包括对压力、流量、温度和管线渗漏进行在线监测以及对阀门进行自动控制。需要接入的信息包括：压力实时值、流量实时值、温度实时值、管线渗漏报警信息、阀门状态。

4. 燃气管线监控系统

燃气管线监控系统主要包括对管道压力、流量、温度、气体泄漏进行在线监测以及对阀门进行自动控制。需要接入的信息包括：流量实时值、压力实时值、温度实时值、气体泄漏报警信息、阀门状态。

5. 污水管线监测系统

污水管线监测系统主要包括对管道流量、液位进行在线监测。需要接入的信息包括：流量实时值、液位实时值、报警信息。

7.3.3 平台功能

地下综合管廊智能化平台在 BIM、2D GIS、3D GIS、360°全景技术的支持下，真实再现综合管廊二维和三维环境，负责将综合管廊各个监控子系统进行综合集成，实现数据融合，实现联动报警，并可进行综合管廊安全评价（图 7-6、图 7-7）。主要包括基本功能、实时数据集成、综合信息集成（信息查询、对象定位、拓扑关系查询）、联动报警和安全评价。

图 7-6　二维 B/S 端主界面

1. 二维 GIS 展示

二维 GIS 平台提供方便的二维视图操作，包括放大、缩小、平移、全图、刷新等功能，并能够将互联网地图和 CAD 的 DWG 格式的工程图叠加展示，实现基于 GIS 的信息查询、数据统计、地图测量及分析工具等功能。

1）在线地图影像及标识

系统集成了百度、谷歌等网络地图及其影像服务，在 2D GIS 地图模块展示徐圩新区综合管廊所处区域地图影像及管廊控制中心、徐圩新区管委会、应急救援指挥中心等重点

图 7-7　三维 C/S 端主界面

建筑物的地图标识，实现在线地图浏览、建筑物定位等功能。

　　当管廊各监测子系统发生报警时，在线地图上可高亮、闪烁提示报警信息。

　　2）在线地图叠加展示

　　采用 DWG 格式的徐圩新区地下综合管廊施工设计图与百度地图、影像相互叠加的形式展示综合管廊在地图上的具体分布情况，使管廊的走向、分布和徐圩新区江苏大道、方洋路、西安路等道路走向及其分布相符合，采用二维平面图的形式真实展现管廊与道路及其周边环境的相对位置（图 7-8）。

图 7-8　二维互联网地图和 CAD 工程图叠加展示

　　3）地下综合管廊分区及道路列表

　　系统采用列表形式对管廊分区及其所属道路信息进行展示和管理，并提供相应道路和管廊分区的快速定位功能。

　　4）二维在线监测数据展示与查询

　　在 2D GIS 地图模块上，通过管廊防火分区二维 GIS 地图、组态图等多种形式展示二维管廊整体情况，包括管廊本体结构、管廊附属设施设备、在线监测各子系统设备、入廊管线及其在线监测的实时数据等。另外，基于 GIS 地图，还可展示在线监测系统报警、实现巡检人员定位、巡检人员轨迹回放、查询管廊档案、管廊内部设施设备档案、入廊管线信息等功能（图7-9）。

图7-9　人员定位及其轨迹查询与展示

5）知识库浏览

知识库是将日常故障处理过程中的成功经验进行归纳整理、统一管理，是运维管理的重要工具，可用于提高故障处理效率和运维人员培训与考核。2D GIS模块提供分类查看、浏览系统知识库的功能，用户可方便地查看相关技术标准、规程规范、运维及经营管理经验、事故应急总结及经验教训等。

6）二维地图测量及分析工具

基于二维地图展示地下综合管廊时，系统可提供地图量测、智能分析等快捷工具。在系统快捷工具栏，可实现地图量测功能，包括：距离测量、面积测量、地图标记（点标记、线标记、文字备注）。

实现辅助分析功能，包括：管廊横断面分析、模拟应急逃生分析。

其中，模拟应急逃生分析功能是指：结合徐圩新区实际需要，当综合管廊周边企业或危险源爆发火灾、有毒有害气体泄漏事故时，综合管廊可充当临时避难通道。用户可自定义模拟事故发生地点，系统自动绘制并显示从事故发生地点到综合管廊应急救援通道最近入口的逃生路线，并高亮显示，以辅助决策。

7）专家信息展示及查询

2D GIS地图展示模块可方便用户查询在线专家信息、综合管廊控制中心调度值班人员信息，方便管廊巡检现场人员与调度值班人员、在线专家的实时互动、在线沟通。

8）报警事件处理

当在线监测子系统发生报警时，用户可通过2D GIS地图快速定位到报警点，获取报警信息详情，并调取报警点附近摄像头进行现场视频查看，如预测为一般设备报警或故障报警，则可快速启动维修工单处理流程，向维修部门有关人员派发维修工单或向巡检部门派发巡检任务。若预测为较严重的事故或火灾、有害气体泄漏等重大事故，则可快速启动应急响应模块，系统自动执行应急响应流程，并查看响应的应急响应预案或现场处置方案，并跳转至应急值守相关模块和界面（图7-10）。

图 7-10　二维在线监测数据查询与报警展示

2. 三维 GIS 展示

1）三维建模及其场景管理

综合管廊三维是按照 1∶1 比例、真实材质对综合管廊地表环境及构筑物、综合管廊监控中心、综合管廊地下构筑物及附属设施、综合管廊监控各子系统硬件设备等所有要素进行建模，在三维场景中真实再现综合管廊（图 7-11）。综合管廊三维建模包括综合管廊地表环境及构筑物建模、综合管廊监控中心建模、综合管廊地下构筑物及附属设施建模和综合管廊监控子系统硬件设备建模。场景管理包括三维场景导入、环境模拟（雨模拟、雪模拟、雾模拟）和时间管理功能。

图 7-11　三维场景

2）图层管理

按照图层方式对空间对象进行组织，可以控制一个图层中所有空间对象的显示和隐藏。图层操作包括新增图层、删除图层、图层重命名和图层显示/隐藏功能。

3）视图管理和路线管理

视图管理包括地下管廊内部行走、三维空间自由浏览、飞行、放大、缩小、平移等功能。路线管理是指按照编辑好的路径飞行浏览，包括新增路线、删除路线、路线重命名和沿路线飞行浏览功能（图7-12）。

图7-12　三维视图管理

4）视点管理

将三维场景视图状态保存为视点，可以直接通过视点定位到该场景位置。视点管理包括新增视点、删除视点、视点重命名和视点定位功能。

5）全景图展示

利用360°全景图，可实现综合管廊每个舱室的连续漫游，全景图之间自动切换。综合管廊360°全景图和三维环境相结合，两者能够联动和同步，可以在各种监测传感器安装位置显示实时数据。全景图展示包括全景图拼接、全景图关联、全景图切换、全景图匹配、全景图叠加和全景漫游功能。

7.3.4　智能集成调度

智能集成调度模块将综合管廊环境与设备监控系统、安全防范系统、通信系统、可燃气体泄漏报警系统、火灾自动报警系统、专业管线监控系统等各个子系统的信息和数据进行集成，实现综合管廊监测数据、控制信号、有线电话、无线对讲、视频、广播、巡检人员位置等多源信息和数据的有机融合和智能调度。要求实现以下功能：

1. 系统运行状态

分为总体运行状态与各个子系统运行状态（图7-13、图7-14）。运行状态包括测点数量以及正常、异常、报警测点数据。

2. 实时数据可视化展示

在三维场景中传感器模型处显示各子系统的实时数据，包括模拟量和开关量（图7-15）。

3. 实时数据列表显示

以列表方式展示综合管廊各个监控子系统的实时数据，并动态刷新。根据报警级别的不同，将报警数据分别着色显示（图7-16）。

图 7-13　二维系统运行状态

图 7-14　三维系统运行状态

图 7-15　实时数据可视化

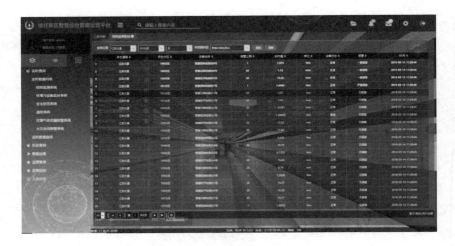

图 7-16　实时数据列表展示

4. 历史数据综合分析

系统可以实现历史数据查询、异常数据查询、数据统计和综合分析功能，并将结果以报表、曲线、柱状图、饼状图等多种形式展示（图 7-17）。

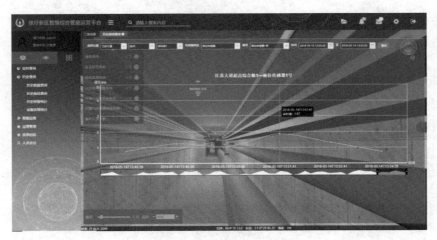

图 7-17　历史数据曲线

5. 人员定位

系统接入管廊巡检人员实时位置数据并进行存储，实现如下功能：

（1）人员实时位置：可查询所有管廊巡检人员，并可在二维、三维场景内定位其实时位置。

（2）人员实时统计：可按照区域、工种、部门对管廊巡检人员进行统计，并可在二维、三维场景内定位其实时位置。

（3）人员历史轨迹回放：可查询所有管廊巡检人员轨迹，并可在二维、三维场景中进行回放。

（4）关联视频：人员实时位置信息可以自动搜索附近摄像头，调取摄像头实时视频

（图 7-18）。

图 7-18　人员定位及其视频调取

6. 智能调度

系统将 GIS 技术和融合通信技术相结合，对人员信息、分区信息、关联分区在线监测信息进行统一展示，并将有线电话、广播和视频监控、手持终端等多媒体设备数据进行集成和精确的定位管理，实现基于设备和基于区域两种方式的智能调度管理。主要功能包括呼叫（单独呼叫和组呼）、强插、强拆、代接、监听、禁话、广播、会议（电话会议和视频会议）、录音。

7.3.5　系统联动

系统联动模块是在子系统集成的基础上，将各个子系统数据有机结合起来，一旦一个区域发生异常、报警或事故时，即可启动联动功能，实时获取该区域内其他子系统的实时数据、实时视频监控信息、应急救援预案等，并以二维和三维可视化的方式在调度大屏上实时显示相关动态信息，实现联动报警（图 7-19）。如有必要，也可以对相关设备进行联动控制。

1. 环境与设备监控系统联动

1）环境与设备监控系统与通排风的联动

当管廊内的温湿度或氧气含量低于或超过设定值时，环境与设备监控系统自动启停通排风机，降低管廊内的湿度或通过送风提高管廊内的氧气含量。

2）环境与设备监控系统与排水泵的联动

当管廊内集水坑内的水位超过或低于设定值时，环境与设备监控系统自动启停排水泵，排除集水坑内的污水。

2. 安全防范系统联动

1）安全防范系统内部之间的联动设计

图 7-19 应急联动

（1）入侵报警系统与视频监控系统之间的联动：

当非法人员由室外公共区域通过投料口进入管廊内部时，入侵报警系统可以联动视频监控系统，将摄像机现场图像切换到监控中心的大屏幕显示器上进行显示。

多个报警信号出现时，报警信号对应的监控可以顺序切换到不同的监视器上，报警解除后图像自动取消，防止漏报。

（2）出入口控制系统与视频监控系统之间的联动：

当有人进入管廊内部设备用房及其他重要区域时，出入口控制系统可联动视频监控系统，将摄像机现场图像切换至监控中心的大屏幕显示器上进行显示。

在特殊场合，进入房门需经保安人员认可时，出入口控制系统联动视频监控系统，将摄像机现场图像切换至指挥调度监控中心的大屏幕显示器上进行显示，由保安人员认可后才可以通过门禁系统打开房门。

监视非法侵入的事件，当非法侵入发生时，如非法的持卡人被检出时，出入口控制系统联动视频监控系统，将摄像机现场图像切换至监控中心的大屏幕显示器上进行显示。

（3）入侵报警系统与出入口控制系统之间的联动：

当入侵报警系统出现报警时，入侵报警系统能联动出入口控制系统，按照程序关闭指定的出入口，只能由保安人员打开。

（4）电子巡查管理系统与视频监控系统之间的联动：

在巡查人员到达巡更站点时，电子巡查系统可联动视频监控系统，将摄像机现场图像切换至监控中心的大屏幕显示器上进行显示，并记录当地巡检情况。

2）安全防范系统与其他子系统之间的联动设计

（1）入侵报警系统与照明控制之间的联动：

当非法人员由室外公共区域通过投料口、通风口等出入口进入管廊内部时，入侵报警系统可以联动智能照明控制系统，将现场区域的照明灯光打开。

（2）出入口控制系统与照明控制之间的联动：

当有人进入管廊内部巡检时，出入口控制系统可联动照明控制系统，将现场区域的照明灯光打开。

（3）视频监控与火灾自动报警系统的联动：

火灾报警系统出现火警信号时，该区域摄像机信号切换到监控中心大屏幕显示器上，观察火情大小是否误报。同时进行记录，方便事后以报警事件为条件的查询和回放。

3. 火灾报警系统联动

1）火灾自动报警系统与出入口控制系统的联动

当确认火灾发生时，自动打开消防紧急通道和安全门等，方便管廊内部人员的疏散。

2）火灾自动报警系统与配电系统的联动

在出现火警时关断相应层面的非消防配电电源及普通照明，防止火情进一步扩展。

3）火灾自动报警系统与应急照明系统的硬联动

在出现火警时，强制接通管廊内的应急照明，以方便管廊内部人员疏散。

4）火灾自动报警系统与自动灭火系统的联动

当确认火灾发生，一旦确认后，可联动火警控制盘，触发灭火系统自动释放管廊内的自动灭火系统，迅速灭除管廊内的火灾。

4. 可燃气体泄漏报警系统联动

当管廊内的天然气浓度含量高于下限值或低于上限值时，可燃气体泄漏报警系统自动启停通排风机，并自动打开电动百叶窗，降低管廊内天然气浓度。

5. 广播系统联动

灾情信息（火灾、气体泄漏）确认后，监控中心启动广播切换模块进行灾情信息广播，特别针对灾情确认区、相邻分区进行广播疏散。

6. 电话系统联动

监控中心可启动专用模块与任一广播基站通话；现场任一广播基站或电话通过监控中心确认后实现与调度主机通话录音。

7.3.6　安全评价

安全评价模块主要是对综合管廊各个舱室的不同类别的安全情况进行评估，从而得出其安全指数。安全评价模块包括综合管廊安全评价指标体系和综合管廊安全指数。

1. 综合管廊安全评价指标体系

综合管廊安全评价指标体系包括管廊结构安全、管廊环境安全、管廊设备安全、消防系统安全、通风系统安全、供电系统安全、照明系统安全、排水系统安全、环境与设备监控系统安全、安全防范系统安全、通信系统安全、预警与报警系统安全、运维情况、设备报警情况和设备故障情况。

2. 综合管廊安全指数

综合管廊安全指数包括管廊结构安全评价、管廊环境安全评价、管廊设备安全评价、消防系统安全评价、通风系统安全评价、供电系统安全评价、照明系统安全评价、排水系统安全评价、环境与设备监控系统安全评价、安全防范系统安全评价、通信系统安全评价、预警与报警系统安全评价、运维情况评价、设备报警情况评价和设备故障情况评价。

7.4　智能化高新技术应用

7.4.1　BIM

建筑信息模型（Building Information Modeling，简称 BIM）是以建筑工程项目的各项相关信息数据作为模型的基础，进行建筑模型的建立，通过数字信息仿真模拟建筑物所具有的真实信息。

综合管廊 BIM 应用模块要求实现以下功能：

1. 数据转换

系统应能将 rvt 格式数据的几何信息和属性信息分别转换为标准 OSG 模型文件和 XML 属性文件，要求转换完成后的模型能够在系统中进行模型选择和编辑操作。

2. 属性信息管理

对各类模型的属性信息采用外部导入和人工录入的方式进行信息采集，并且提供增加、删除、修改等编辑功能，以达到属性信息动态维护的目的（图 7-20）。

图 7-20　属性信息管理——设备信息

3. 综合信息查询

用户在地下综合管廊三维场景中可以通过点击各种对象查询其属性。

（1）地下综合管廊档案查询。

（2）专业管线查询。

（3）附属设施查询。附属设施查询是指对消防系统、通风系统、供电系统、照明系统、排水系统、环境与设备监控系统、安全防范系统、通信系统、预警与预报系统等的设施进行属性查询，了解每一个设施、设备的详细信息和参数。

（4）能耗查询。

能耗查询是指利用供电系统电能计量测量装置的数据，查询上月、本月、年度、日均、月均、年均用电量。

7.4.2　360°全景

360°全景图是利用专业摄影相机环拍360°所得的一组照片，再通过专业软件无缝处理拼接所得的一张全景图像。该图像可以用鼠标随意上下、左右、前后拖动观看，亦可以通过鼠标滚轮放大、缩小场景。图像内部可安放热点，点击可以实现场景的来回切换。除此之外还可以可以插入语音解说，图片及文字说明。360°全景图是一种性价比极高的虚拟现实解决方案。360°全景图和一般图片都可以起到展示和记录的作用，但是一般图片的视角范围有限，也毫无立体感，而360°全景摄影不但有360°的视角，更可以带来三维立体的感觉，让观察者能够沉浸其中（图7-21）。

图 7-21　管廊360°全景展示效果

360°全景图的特点如下：

（1）360°全景图像源自对真实场景的拍摄捕捉，真实感强，可观看整个场景空间的所有图像信息，无视角死区；

（2）360°全景播放经过特殊透视处理，立体感、沉浸感强烈。观看360°全景时，观赏者可通过鼠标任意放大缩小、随意拖动；

（3）制作过程简单。360°全景相对于其他多媒体实现手段，制作过程更简单、更节省制作时间和成本；

（4）表现形式丰富。360°全景可用于网络，也可用于多媒体触摸屏、大屏幕全屏投影、全景视频、360°全景展示系统，同时可制作成为光盘形式的企业虚拟现实形象展示、三维产品展示等。

将360°全景图应用到综合管廊智能化平台中，是对三维建模的一种有益补充，两者相辅相成，相得益彰。在综合管廊每个舱室内部，每隔20m选取一个拍摄点，在每个拍摄点制作一幅360°全景图。对于徐圩综合管廊而言，360°全景图和三维建模相结合，可以实现如下功能：

利用360°全景图，可实现综合管廊每个舱室的连续漫游，全景图之间自动切换。

综合管廊360°全景图要和三维环境相结合，在综合管廊漫游过程中，两者应能够联动和同步。

综合管廊360°全景图应能叠加到三维模型之上，在漫游过程中，可以在各种监测传感器安装位置显示实时数据。

7.4.3 VR

虚拟现实（Virtual Reality，简称VR）是利用电脑模拟产生一个三维空间的虚拟世界，提供使用者关于视觉、听觉、触觉等感官的模拟，让使用者如同身历其境一般，可以及时、没有限制地观察三度空间内的事物。

地下综合管廊VR应用系统包括软件和硬件两个部分。

1）地下综合管廊VR应用系统硬件主要包括：

（1）激光空间定位系统：毫米级室内定位精度，支持多人同时接入，定位空间可无限扩展。

（2）头显：全球顶级头显设备，低延迟高清晰度画面显示。

（3）无线高性能背包式电脑主机：

第六代酷睿I7处理器，桌面级GTX980显卡，32G RAM 512G SSD。

（4）标准定位与动作捕捉器：自主研发的反向动力学及定位9轴姿态融合算法分布式计算。

（5）手柄：人体工程学设计＋力反馈技术，迅捷灵动，操作自如。

2）综合管廊VR应用系统软件实现以下功能（图7-22、图7-23）：

（1）三维模型性能调优：

模型调优：包括层次细分模型、模型优化和模型分组。

纹理调优：包括图片处理、纹理调度和多级纹理。

性能调优：包括光照调整、实时阴影和实时渲染。

（2）地下综合管廊虚拟漫游模块：

场景管理：实现三维场景导入、环境模拟（雨、雪和雾）和时间管理。

视图管理：实现行走、飞行、放大、缩小和平移。

（3）地下综合管廊信息查询模块：

属性信息接口：实现属性信息服务和属性信息更新。

综合信息查询：实现综合管廊本体查询、综合管廊结构查询、综合管廊档案查询、专业管线查询、消防系统查询、通风系统查询、供电系统查询、照明系统查询、排水系统查

图 7-22　管廊 VR 场景展示效果

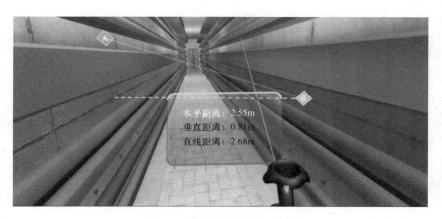

图 7-23　管廊 VR 空间距离测量

询、环境与设备监控系统查询、安全防范系统查询、通信系统查询、预警与报警系统查询。

（4）地下综合管廊远程控制模块：

地下综合管廊远程控制模块实现在虚拟场景中实现对照明、通风、排水等设备的控制。

第8章 智慧运营管理功能设计

　　地下综合管廊智能化平台智慧运营管理功能除了综合管廊综合集成与管控系统外，还包括智能化运维系统、智能化经营管理系统、移动终端APP和综合应急指挥功能。

8.1 智能化运维系统功能

地下综合管廊智能化运维系统在综合管廊运维规范的指导下，充分利用大数据分析工具，对综合管廊本体以及各专业管线的监测数据进行综合分析和处理，为运维工作提供智能服务，并结合运维人员和智能巡检机器人的日常巡检，实现对综合管廊自身的结构、环境、附属设施以及监控设备的运维，以及对各专业管线的运维。

8.1.1 故障树分析模块

系统实现故障树的绘制和建造，并提供故障树的定性和定量分析，为设备设施的运维管理提供工具（图 8-1）。

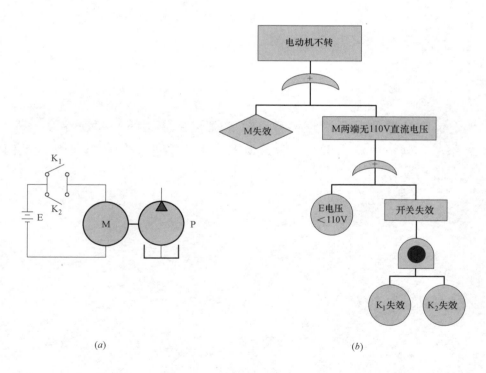

图 8-1 故障分析

（a）系统原理图；（b）故障树

E—110V 直流电源；M—直流电动机；K₁—手动开关；K₂—电磁开关；P—水泵

1. 文件操作

文件操作包括打开故障树文件、新建故障树文件、保存故障树、另存故障树、打印故障树、存为图片、存为 RTF 等功能。

2. 符号库管理

符号库管理包括矩形符号、圆形符号、房形符号、菱形符号、椭圆形符号、与门符号、或门符号、异或门符号、限制门符号等功能。

3. 事件编辑

事件编辑包括添加事件、设定基本事件概率、删除事件、移动事件、自动排列事件等功能。

4. 故障分析

故障分析包括求解最小割集、求解最小径集、求解结构重要度、求解顶上事件概率、求解概率重要度、求解临界重要度等功能。

5. 系统设置

系统设置包括背景色设置、文字颜色设置、事件颜色设置、逻辑门颜色设置、是否显示事件编号、是否显示事件概率等功能。

8.1.2　知识库管理模块

知识库是将日常故障处理过程中的成功经验进行归纳整理、统一管理，是运维管理的重要工具，可用于提高故障处理效率和运维人员培训与考核。

1. 知识库管理

知识库管理包括新建知识库、工单入库、文档编辑器、版本管理、文档审计、多文档上传功能。

2. 知识库检索

知识库检索包括全文检索、摘要、缩略图、显示模式、多媒体查看器等功能。

8.1.3　专家座席模块

专家座席是现场运维人员与在线专家进行沟通的工具。现场运维人员通过移动终端将现场故障情况通过以视频、图片、文字描述等各种方式提交给在线专家，专家通过分析将解决方案反馈给现场运维人员。系统支持在线专家之间的会商。专家座席模块包括专家库管理和求助专家功能。

1. 专家库管理

专家库管理包括专家信息录入、专家信息编辑、专家信息查询、专家信息统计、专家信息审核、专家分类管理、专家信息导出等功能。

2. 求助专家

求助专家包括专家在线状态查询、短信沟通、电话沟通、视频沟通、专家会商、问题提交、问题编辑、问题反馈、问题入库申请、问题入库审核等功能。

8.1.4　工单管理模块

工单管理实现工单的拟稿、审核、签发、签收、执行、反馈等全过程的管理，以保证运维任务能够及时、有效地执行，并为运维人员考核提供依据。具体功能包括工单管理、工单流程模板、工单流程绘制、工单执行等功能。

1. 工单管理

工单管理包括新建工单、工单编辑、按人员查询工单、按时间查询工单、按管廊段查询工单、按工种查询工单、按执行状态查询工单、工单综合查询、工单统计、工单日报、工单月报、工单年报、工单导出、工单打印。

2. 工单流程模板

工单流程模板包括新建模板、删除模板、编辑模板、模板绘制等功能。

3. 工单流程绘制

工单流程绘制包括任务绘制、任务定义、连线绘制、串行路由、并行路由、条件路由、分支路由、合并路由、循环路由等功能。

4. 工单执行

工单执行包括工单审核、工单启动、工单状态、工单撤销、工单反馈、工单打回等功能。

8.1.5 运维人员管理模块

运维人员管理实现运维人员的注册信息、基本信息、培训情况、证照信息、绩效考核等与运维工作相关信息的全面管理，包括信息管理和绩效考核。

1. 信息管理

信息管理包括基本信息录入、基本信息编辑、专业信息录入、专业信息编辑、证照信息录入、证照信息编辑等功能。

2. 绩效考核

绩效考核包括基本信息评价、专业技能评价、日常维修评价、任务完成情况、资源使用情况、突发事故处置评价等功能。

8.1.6 巡检管理模块

巡检管理实现巡检路线、巡检任务、巡检记录管理等功能。

1. 巡检路线

巡检路线包括路线模板管理、新建路线、路线编辑、路线绘制等功能。

2. 巡检任务

巡检任务包括新建巡检任务、编辑巡检任务、巡检任务自动匹配、巡检任务查询、巡检任务统计、巡检任务导出等功能。

3. 巡检记录

巡检记录包括巡检记录列表、按人员查询、按工种查询、按时间查询、综合查询等功能（图8-2）。

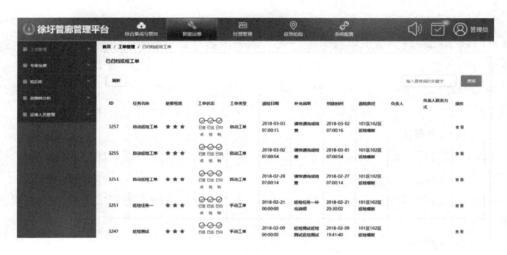

图 8-2　巡检记录

8.2　智能化经营管理系统功能

地下综合管廊智能化经营管理系统对入廊企业信息、综合管廊建设及维修档案、备件、培训、入廊收费等进行综合管理，并提供查询、统计和分析服务，提高综合管廊运营单位的工作效率和管理水平。

8.2.1　入廊企业管理模块

入廊企业管理模块实现对入廊管线业主单位的管理，提供信息录入、查询、修改等基本功能。入廊企业管理模块包括管廊信息管理、管线管理、业主管理功能。

1. 管廊信息管理

管廊信息管理包括防火分区管理、管廊分段管理、管廊信息空间展示等功能。

2. 管线管理

管线管理包括电信管线管理、电力管线管理、给水管线管理、污水管线管理、热力管线管理、燃气管线管理等功能。

3. 业主管理

业主管理包括企业信息录入、企业信息编辑、企业信息综合查询、企业信息统计等功能。

8.2.2　档案管理模块

档案管理模块实现对各类档案材料（工程档案、设施档案、文书档案等）的电子化管理，通过对各种类型文件分类管理，便于快速查阅各类资料，解决传统手工查找纸质档案文件费时费力的问题，大大提高工作效率。档案管理模块实现档案的录入、维护、借阅、快速定位检索等功能。

档案管理模块包括工程档案管理、设施档案管理、设备档案管理、合同档案管理、人事档案管理、文书档案管理等功能。

1. 工程档案管理

工程档案管理实现档案录入、档案借阅、档案统计、档案预览导出等功能。

2. 设施档案管理

设施档案管理实现基本信息、详细信息、图片资源、视频资源、文档资源、工程图等功能。

3. 设备档案管理

设备档案管理实现档案导入、档案查询、档案导出功能。

4. 合同档案管理

合同档案管理实现工程类合同管理、材料采购类合同管理、设备采购类合同管理、房屋租赁合同管理、物管合同管理、人事类合同管理等功能。

5. 人事档案管理

人事档案管理实现档案录入、档案查询、统计分析功能。

6. 文书档案管理

文书档案管理实现行政收文、行政发文、党委收文、党委发文、会议纪要功能。

8.2.3 设备管理模块

设备管理模块对设备的采购、安装、运行、变动、折旧、维修、保养、报废等全程管理数据记录，形成包含动态数据在内的全寿命周期的设备资产管理档案，为分析设备运行、改进维修对策等提供方便。

设备管理模块包括台账管理、设备盘点、辅助管理、参数设置、系统管理等功能。

1. 台账管理

台账管理实现设备台账、维修登记、设备调拨登记、销账登记、设备折旧、条码打印、设备导入、设备预警等功能。

2. 设备盘点

设备盘点实现下载数据、设备盘点、盘点查询等功能。

3. 辅助管理

辅助管理实现人员管理、供应商管理、维修站管理、合同管理等功能。

4. 参数设置

参数设置实现组织结构管理、设备种类设置、故障类型设置、配置参数设置、自定义项设置等功能。

5. 系统管理

系统管理实现基础字典设置、系统参数设置、组维护、组权限设置、操作员设置、修改操作员密码、系统初始化、系统备份、操作日志、导入数据、导出数据等功能。

8.2.4　备件管理模块

备件管理是设备维修活动的重要组成部分，只有科学合理地储备供应备件，才能使设备的修理任务完成得既经济又能保证质量和进度。备件管理主要有四大功能：基础资料管理、计划管理、采购管理和库存管理（图 8-3）。

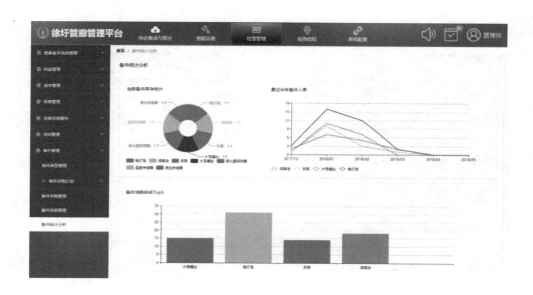

图 8-3　库存管理

1. 基础资料管理

基础资料管理实现备件种类管理、备件信息录入、备件信息编辑、备件条码管理、备件信息查询、备件信息统计等功能。

2. 计划管理

计划管理实现设备故障统计、备件需用量分析、采购计划提交、采购计划综合查询、采购计划统计、采购计划报表、采购计划审核等功能。

3. 采购管理

采购管理实现供应商管理、物流管理、调拨管理、采购计划执行、采购计划终止、采购综合查询、采购统计、采购报表等功能。

4. 库存管理

库存管理实现入库管理、出库管理、库存盘点、库存查询、库存统计、库存报表、库存预警等功能。

8.3　移动终端 APP 功能

地下综合管廊移动终端 APP 是移动终端的综合管廊应用软件，包括管廊安全、管廊运维、管廊经营管理和管廊应急（图 8-4、图 8-5）。

8.3.1　管廊安全模块

（1）显示地下综合管廊监控系统整体运行状态，包括正常、断线、报警传感器的数量。

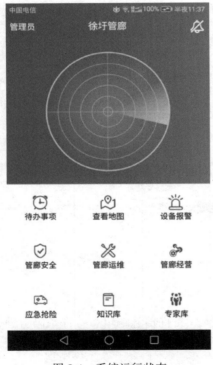

图 8-4　系统运行状态

图 8-5　辅助应急

（2）以地图形式显示综合管廊监控系统各个子系统的实时数据，可配置需要显示的监控系统子系统。

（3）以列表形式显示综合管廊监控各个子系统的实时数据。

（4）管廊视频查看。

（5）平台报警时实现 APP 联动报警，报警信息延迟不超过 2s。

（6）历史数据查询，以列表、曲线、柱状图、饼状图等多种形式查询一定时间间隔内的监控历史数据，包括开关量、模拟量、异常和报警数据。

8.3.2　管廊运维模块

运维管理模块主要实现以下功能：

1. 综合信息查询

包括地下综合管廊档案查询、专业管线查询、附属设施查询和能耗查询。

2. 巡检提醒

根据设置的巡检周期提醒下次巡检日期。

3. 我的巡检任务

包括查看任务、任务查询、巡检记录。用户可使用文字、图片、视频等多种方式记录巡检过程。

4. 我的维修任务

包括查看任务、任务查询、维修记录。用户可使用文字、图片、视频等多种方式记录维修过程。

5. 求助专家

将现场故障情况通过以视频、图片、文字描述等各种方式提交给在线专家，专家通过分析将解决方案反馈给用户。

6. 知识库搜索

根据关键词对知识库进行模糊搜索，查找解决方案。

8.3.3　管廊经营管理模块

管廊经营管理包括入廊企业查询、档案查询、设备查询、备件查询、入廊费用查询、成本查询、成本分析。

8.3.4　管廊应急模块

紧急事故推送，以报警的方式显示紧急事故，并可显示事故的详细信息。

辅助应急，可以根据事故影响范围，显示事故管廊段相关信息，辅助抢险指挥人员进行统一的调度指挥。

8.4　综合应急指挥系统

8.4.1　应急指挥功能

地下综合管廊应急指挥系统建立了完善的应急抢险指挥体系，对应急队伍、应急物资、应急预案进行有效管理，并能够进行安全隐患排查、应急演练、应急会商、综合研判和应急指挥，提高对应急事件的响应和处理能力。应急抢险体系主要由隐患排查、应急指挥业务、应急指挥响应、应急指挥总结四部分组成。

1. 隐患排查

安全检查管理：实现安全检查计划制定、检查通知、检查总结的功能，并且可以自动生产检查总结报表。

隐患管理：实现隐患上报、整改与复查的闭环管理，在流程中对"整改措施、责任、资金、时限和预案"五到位进行严格控制管理。

移动隐患排查：通过移动终端及时进行隐患的记录、整改、复查等操作，移动端与PC端信息实现数据同步，用户可查看实时的隐患信息及统计数据。

业务单据输出：系统可以自动生成规范的安全检查和隐患流程业务单据、通知单单据和清单（如检查表、隐患通知单、隐患台账等），并具有表单统一导出的功能。

业务逐级审批：系统提供隐患排查治理流程的逐级审批功能，企业领导可以全程监管隐患排查治理的过程。

短信提醒及预警：在隐患排查治理流程中的关键时间节点，系统将通过内嵌的短信平台自动发送消息提醒及预警，如检查通知、隐患将过期提醒等。

图形化流程指南：在所有的管理流程中提供可视化的流程指南，详细标明隐患所处的环节，以及各环节的处理负责人和处理部门。

隐患动态数据库：系统将会把所有的安全检查和隐患数据整合，形成相应的数据库，对企业应用范围内所有隐患排查数据信息进行统一管理。

2. 应急指挥业务

应急指挥业务主要面向紧急事件发生前的准备工作，即完善事前计划、准备充分，结合危险源、重点区域及其相关设施的特点，从管理薄弱环节入手，将各部门资源进行整合，形成针对突发事件处置的预案、档案、保障，并能够进行各类专项应急指挥演练。应急指挥业务子系统由应急指挥预案管理、应急指挥档案管理、应急指挥资源保障、应急指挥日常演练四个主要功能模块组成。

8.4.2 应急指挥响应

应急指挥响应子系统主要实现紧急事件上报终端、信息网络渠道、响应接警管理等功能。

1. 应急事件分析

应急事件分析不仅仅是对事件情况的汇总和展现，更是对基础信息、监控信息、地理信息的融合与拓展。由于基础地理信息平台、监测监控传感器终端反馈的信息非常丰富，可以较为准确地获取事件分析因素，并可以结合应急指挥管理的各项要素（应急队伍、物资、设施、装备等）。该广度和深度意义下的应急事件分析是对海量信息进行综合研判，从而充分发挥系统整体优势。

应急事件分析方式分为：

（1）基于事件影响半径的综合分析；

（2）基于行政区划的综合分析；

（3）基于地图标绘的综合分析；

（4）基于专业预测模型的综合分析；

（5）基于专业预测预警结果的综合分析。

应急事件分析主要包括周围环境分析、次生事件链分析、事件链与预案链综合、态势标绘、综合研判等用例。应急事件分析功能包括态势模拟、事件分级、调取预案、预案对比、预案选取。

2. 应急事件处理

应急事件处理模块对突发事件的信息进行情况汇总（包括事件相关的接报信息、综合研判结果和当前事件处置状况），形成事件的情况汇总报告，分发相关单位和部门（图 8-6、图 8-7）。应急事件处理模块向相关单位和部门下达任务。系统对任务执行情况进行跟踪，统计和分析，并根据最新的事件信息，对方案进行调整或生成新的方案，下达新的任务，循环优化，直到整个事件应急处置全部完成。应急事件处理模块实现的主要功能包括：

（1）情况汇总，主要包括事件情况汇总、受灾情况汇总。事件情况汇总包括事件接报信息、综合预测预警信息、资源保障计划、任务列表、应急流程、实施措施等综合研判结果，以及当前事件处置状况；受灾情况汇总主要包括基础设施损毁情况、财产损失情况以及灾民救治情况。

（2）任务管理，主要包括任务的新增、编辑、删除、浏览、领导审批、下发等用例。

（3）任务跟踪。任务分发后，省政府业务人员可以通过任务跟踪功能动态跟踪任务的执行情况，调整任务状态。任务执行过程中，各单位可以通过反馈跟踪功能，及时反映任务执行情况或碰到的问题。

（4）态势标绘。通过调用态势标绘功能在二维、三维场景中进行标绘，结合信息融合综合管理、符号管理、事件态势管理、模型辅助分析等功能，将态势标绘分析意图制作生成各种专题态势图（如应急救援力量分布图、人员疏散路线图、应急救援物资调运图等），为领导决策和指挥调度过程提供直观的决策参考。

（5）协同会商。在应急处置过程中，提供基于二维、三维场景的远程协同会商功能。参与事件处置的多个部门的相关人员可以远程参与会商，在同一张地图上进行协同标绘，共同分析事件态势的发展。

（6）电子沙盘。可以利用电子沙盘模拟突发事件周边的地形、地貌在沙盘上进行态势推演。直观地将地理信息数据、高清航空影像，及高清卫星影像显示在桌面上，可构建三维场景，基于场景进行标绘、导航、分析、定制方案。

（7）资源调度。通过资源调度功能，可以随时了解事件处置过程中，事发地点及事件影响区域对人、财、物等应急资源需求以及资源的到位情况，了解监控应急处置整个过程。主要包括计算物资需求、物资登记、物资发放、队伍部署、资金发放等用例。

（8）总结报告。通过对事件的发生、发展，综合研判和指挥调度等信息制作总结报告、存档、分发，主要包括总结报告的新增、编辑、删除、浏览、检索、下发等用例。

3. 应急指挥调度监控

应急指挥调度监控模块实现对设备、物资、人员进行视频监控、GPS定位功能，具体功能如下：

（1）基于二维、三维场景展示设备、物资、人员图标和实时位置。

（2）通过设备、物资、人员实时坐标，关联周边一定范围内的监控视频，形成对路况等情况的直观了解。

图 8-6　应急救援

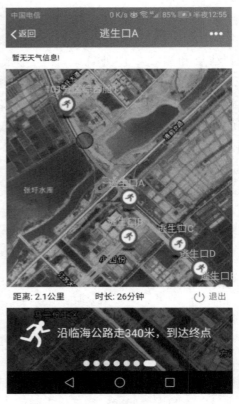

图 8-7　辅助决策

8.4.3　应急指挥总结

应急指挥总结子系统实现各级指挥单位、实施单位、协作单位的总结、汇总，以及对整体工作的总结，即完成对整体和细分工作的情况描述。

1. 应急指挥评价

应急指挥评价模块实现对各级指挥单位、实施单位、协作单位的工作评价，形成指导意见，为后续类似情况积累经验，同时可作为相关人员评定工作业绩的参考依据。

2. 应急指挥归档

应急指挥归档模块实现对应急指挥、现场处置全周期的归档管理，并可经评审、授权等必要环节，进行信息共享和发布。

3. 应急指挥统计

应急指挥统计模块对历史事件信息进行分类统计，包括定制报表模版、报表制作、报表管理等用例，具体统计分析内容如下：

（1）事件信息查询分析，包括接报信息的查询、事件信息的查询、事件信息的统计分析。

（2）接报信息的查询，通过信息标题、事件类型、信息报送的单位、信息报送的时间、信息状态等进行查询。

（3）事件信息的查询，通过事件名称、事件类型、事发时间、事件等级、事发地行政区划等进行查询。

（4）事件信息的统计分析，按事发地区、事件类型、事发时间、事件等级等信息进行单独或是自由组合，进行多维统计分析，按各地区、不同事件类型、不同事件等级、不同时间段内发生的事件数量对比、事件历史同期对比、事件趋势分析等功能。统计分析结果可以按统计表、直方图、饼状图等形式进行展现。

第9章 管廊主体结构施工技术

　　地下综合管廊为地下结构，加之本管廊工程位于滨海场地，地下水埋深较浅且具有一定的腐蚀性，对管廊主体结构的防水、防腐工作提出了更高的要求。防水、防腐工作主要体现在混凝土工程方面，因此本管廊混凝土工程的施工是关键。本章主要介绍与混凝土工程相关的防水工程施工技术、铝模板工程施工技术、冬季混凝土施工养护技术等。

9.1 主体结构施工方案

9.1.1 主体结构施工工序

管廊主体结构按"竖向分层、水平分段、逐层由下往上平行顺筑"进行施工，管廊主体结构施工工序流程为：

平整基坑→浇筑混凝土垫层→防水材料施工→防水混凝土底板及换撑带施工→绑侧墙和中墙钢筋→侧墙和中墙支模→顶板支模→顶板钢筋焊接→侧墙、中墙及顶板混凝土浇筑→顶板防水施工→覆土。

9.1.2 主体结构施工要点

管廊主体结构采用 C45 防水混凝土，抗渗等级≥P8，增加阻锈剂。

主体结构的底板、侧墙、顶板选用自粘聚合物改性沥青防水卷材进行全包防水，在结构变形缝处设置中埋式止水带和外贴式止水带进行止水；施工缝采用 3mm 厚的钢板止水带进行止水。

管廊每隔 200m 左右设置一个投料口，供管线施工安装、运行维护等使用，投料口兼做人员逃生安全作用，设置爬梯；每 350m 左右设置防火墙，同时配套消防设施。

管廊每个舱室单独设置集水坑，单个集水坑尺寸为 1.5m×1.5m×1.5m，集水坑内设置排水泵。

管廊每两段长度约 400m 范围采用机械进风及机械排风，在每个通风区间段端部设置通风口，通风口伸出地面通风，采用防雨雪电动叶窗。

9.1.3 垫层浇筑

基坑底部平整后，待粉喷桩达到检测龄期即开始按设计要求进行自检（3‰）和强检（2‰），完成后方可进行垫层施工。

坑底垫层的及时浇筑振捣是基坑施工的关键，垫层混凝土在施工中采用分段施工，平整一部分，即浇筑振捣一部分，在主体结构施工节段端头加长 2m。在基坑开挖阶段，确保基底以上 30cm 为人工取土，避免机械挖土对坑底土体的扰动和破坏。

基坑开挖至坑底后，应立即组织相关单位进行复合地基的检验，检验合格后尽快进行垫层浇筑。垫层为 200mm 厚 C20 混凝土，施工时严格控制好顶面标高，平板振捣器捣固密实，做到表面平顺光洁，无蜂窝麻面裂缝。当坑内有水时，在坑内做排水沟、集水坑汇水，由抽水泵抽至地面排水系统。浇筑混凝土前检查和安设防迷流、接地等预埋件。垫层浇完约 24h 后，方可进行底板施工。

9.2　防水工程施工技术

9.2.1　防水工程概况

本工程遵循"防、排、截、堵相结合，刚柔并济、因地制宜、综合治理"的原则，采用全封闭的防排水设计，防水等级二级；变形缝两侧 1m 范围防水等级一级。采用以结构自防水为主、外防水（附加防水）为辅的综合性防水方案。

管廊主体结构的底板、侧墙、顶板采用全包防水结构形式，底板防水结构形式为基坑混凝土垫层＋1.2mm 厚高分子自粘胶膜防水卷材层＋500μm 厚防腐涂料＋50mm 厚 C20 细石混凝土保护层＋底板结构。

侧墙防水结构形式为侧墙结构＋500μm 厚防腐涂料＋1.2mm 厚高分子自粘胶膜防水卷材层＋50mm 厚聚乙烯泡沫板保护层。

顶板防水结构形式为顶板结构＋500μm 厚防腐涂料＋1.2mm 厚高分子自粘胶膜防水卷材层＋耐根穿刺层＋50mm 厚聚乙烯泡沫板保护层＋50mm 厚 C20 细石混凝土保护层。

在结构变形缝处设置中埋式止水带和外贴式止水带进行止水，施工缝采用 3mm 厚的钢板止水带进行止水。标准段防水结构形式如图 9-1 所示，变形缝处防水结构形式如图 9-2～图 9-4 所示。

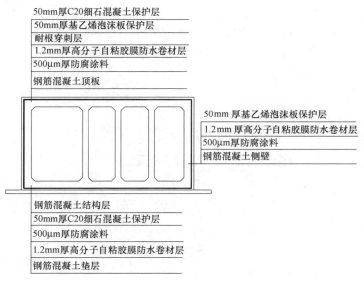

图 9-1　管廊结构标准段防水构造示意图

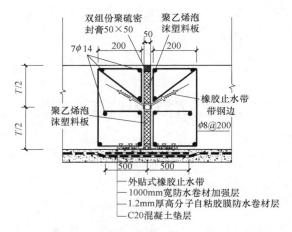

图 9-2　变形缝（底板）防水构造示意图

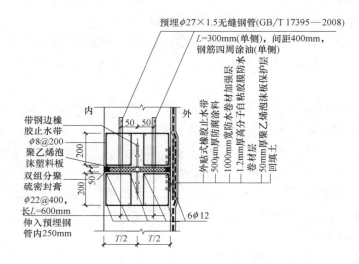

图 9-3　变形缝（侧墙）防水构造示意图

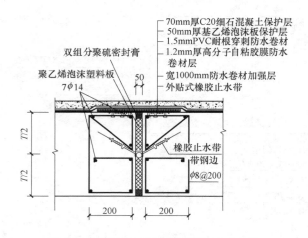

图 9-4　变形缝（顶板）防水构造示意图

9.2.2　防水施工技术

1. 高分子自粘胶膜防水卷材层施工工艺

1) 工艺流程

施工准备→基层处理→弹基准线→大面积铺设防水卷材（自粘面朝向结构，底板为预铺反粘)→搭接边处理→检查验收→成品养护及成品保护（图 9-5)。

2) 基层要求

基层表面应坚实、平整、干净，进入施工现场首先对基层和各节点部位进行检查，若发现基层有鼓泡、分层、起皮、蜂窝、麻面等，必须凿除并重新修补。然后将基层表面凸起及残留砂浆清除，节点部位可以使用吹风机辅助清理；若基层表面干燥的应洒水湿润，有明水或积水的要及时清除干净。

3) 施工步骤

基层清理：清除基层表面杂物、油污、砂子，凸出表面的石子、砂浆疙瘩等应清理干净，清扫工作必须在施工时随时进行，并修补平整表面。尤其拆除排水口，管壁等上的水泥砂浆等附着物。

弹基准线试铺：根据现场实际情况，确定卷材贴铺方向，在基层上弹好卷材控制线，依循卷材贴铺方向从低向高进行卷材贴铺。

撕开卷材底部隔离纸：卷材试铺后，先将要贴铺的卷材裁剪好，反铺在基层上（即底部隔离纸朝上)，撕剥隔离纸，撕剥时，已经撕开的隔离纸宜与粘结面保持 45°～60°的锐角，防止拉断隔离纸，尽量保持在松弛状态，但不要有皱折。

4) 卷材贴铺

滚铺法：将卷材对准基准线试铺，在 5m 处用裁纸刀将隔离纸轻轻划开，注意不要划伤卷材，将未铺开的卷材隔离纸从背面慢慢撕开，同时将未铺开卷材沿基准线向前慢慢铺开，边撕隔离纸边贴铺。铺贴好后，将前面试铺剩余的卷材卷回，以上述方法粘贴在基层上。

挂铺法：侧壁上采用挂铺方式施工，使用专用垫片或 HDPE 片材固定于支护墙上，将 HDPE 片材背面与垫片焊接，固定间距为 500～800mm，固定点之间成梅花形布设，在结构拐点两侧，应加密布设。贴铺后卷材应平整、顺直、搭接尺寸正确、不得扭曲。

辊压排气：待卷材贴铺完成后，用软橡胶管或辊筒从中间向卷材搭接方向另一边刮压并排出空气，是卷材充分粘结与基层上。搭接铺贴下一层卷材时，将位于下层卷材搭接位置的隔离纸揭起，将上层卷材对准搭接控制线平整粘贴下层卷材上，刮压排出空气并充分满粘。

搭接封边，收头密封：单面卷材搭接边施工：短边相邻卷材为平行搭接，搭接宽度不小于 80mm。施工时清理干净搭接边部位的泥浆及灰尘，再揭除搭接边隔离纸（短边不需要撕隔离纸)，用热风枪边加温边粘贴。

成品养护及保护：晾放 24～48h（具体视现场环境温度而定，一般情况下，温度越高，所需时间越短），高温天气小防水层应防止暴晒，可用遮阳布或其他物品遮盖。

检查修补：检查所有卷材面有无撕裂、刺穿、气泡等情况，维修时将缺陷部位清理干净，并严格按缺陷部位尺寸重现再粘贴卷材处理。

图 9-5　防水卷材施工现场

2. 防腐涂料

1）表面处理

在涂刷防腐涂料之前，应清除混凝土保护层表面的砂浆残留、水迹、油污、尘土等疏松附着物；当混凝土保护层表面处理好，确认干燥无污、光滑平整后开始施工（图 9-6）。

2）施工环境条件

温度一般控制在 0～35℃，湿度一般控制在大气湿度的 80% 以下，在有雨、雾、空气湿度较大和风沙情况下，停止施工。

3）涂料施工

涂料充分搅拌均匀后，经熟化后方可施工，调配熟化好的涂料一般控制在 3～4h 内用完，未及时用完并已发厚的余料不得稀释后再用。涂料实干情况下方可进入下一道工序。在调配涂料时，配比和计量一定要准确。施工全部完毕后，达到相关规范要求后，方可进入下一道工序。滚涂或喷涂，如施工过程中涂料太稠，可适当添加 0～6% 专用稀释剂，不宜过量。

4）注意事项

在使用之前应搅拌均匀后，按规定比率取出需要的分量进行涂料调配，开桶后需密封保存；已调配熟化好未及时用完的余料不得倒回原包装桶中。涂料严禁溅水，禁止明火施工。

施工完后，根据规范要求进行相关检测，最小干膜厚度不小于 75% 设计厚度。涂层施工应在混凝土满足施工条件后进行。

3. 耐根穿刺防水卷材

1）施工要点

基层处理：防水基层必须清理干净、保持牢固、干燥、平滑等；施工面遇有凹凸不平的地方应先予以补平或磨平，棱角和内角也需事先磨圆，将所有施工面完全涂布基层处理

图 9-6　防腐涂料施工现场

剂，待完全干燥。

阻根防水层施工：热熔施工，施工方法同普通改性沥青防水卷材施工方法。

2）施工注意事项

雨、雪天及五级以上大风天不得施工；施工环境气温不宜低于 0℃；火焰加热器的喷嘴距卷材面距离适中，幅宽内加热应均匀，以卷材表面熔融至光亮黑色为度，不得过分加热卷材；施工现场安全防护设施齐全，在热熔施工时，需要均匀施加压力，冷却成型后方可撤去挤压器（图 9-7）。

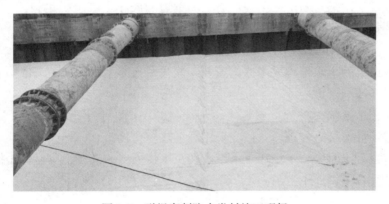

图 9-7　耐根穿刺防水卷材施工现场

9.2.3　细部构造防水施工

细部构造防水主要包括施工缝、变形缝防水。

1. 施工缝防水

施工缝主要指侧墙纵向水平施工缝。施工缝主要采用 3mm 厚镀锌钢板止水带防水，并辅以在钢板止水带的背水侧，采用单组分挤出型水膨胀聚氨酯密封胶进行节点加强。预埋 300mm×3mm 的钢板时，露出 10～15cm 钢板于廊体外部，这部分钢板在下次混凝土施工时一起浇筑，起到阻止廊体外部压力水渗入的作用。

施工缝施工过程中应注意以下事项：

（1）施工缝混凝土表面凿毛，清除杂物，用水冲洗干净并保持湿润，再浇灌下一次混凝土。

（2）混凝土浇筑前检查止水带是否破损，对破损处立即进行修补，止水带接头不设在拐角处，止水带中心线与施工缝中线相重合。

（3）钢板止水带先施工一侧混凝土时止水带与混凝土结合部位加强捣固，使止水带与混凝土牢固结合，接触止水带处的混凝土不应出现粗骨料集中或漏振现象。

2. 变形缝防水

管廊沿长度方向设置变形缝，间距不大于 30m。在下穿段及管廊交叉段结构界线处均须设置变形缝。变形缝内设钢边橡胶止水带止水，填缝材料及剪力杆。

综合管廊及其附属工程中的变形缝，包括钢边橡胶止水带、聚硫密封膏、低发泡聚乙烯板等。管廊内隔板中的变形缝，包括天然橡胶止水带、防火密封膏、低发泡聚乙烯板等。

中埋式钢边橡胶止水带施工：

（1）钢边橡胶止水带安设位置要准，其中间空心圆环与变形缝中心线重合，并安设到防水钢筋混凝土衬砌厚度的二分之一处，做到平、直、顺。

（2）钢板止水带搭接要求钢板采用焊接法，橡胶采用粘结法，要求连接缝严密牢固。

（3）止水带采用钢丝固定在结构钢筋上。钢边橡胶止水带上的钢板两侧设有预留孔，预留孔间距每侧 300mm（预留孔两侧错开布置），用钢丝穿孔固定在钢筋上并用扁钢加强固定，转角处做成圆弧形，半径不应小于 100mm。

（4）水平设置的止水带均采用盆式安装，盆式开孔向上，保证浇筑振捣混凝土时混凝土内产生的气泡顺利排出。

（5）钢板止水带除对接外，其他接头部位（T 字形、十字形等）接头均采用工厂接头，不得在现场进行接头处理。对接应采用现场热硫化接头。

（6）浇筑混凝土时，防止损坏止水带，在止水带周围的混凝土应充分振捣，使橡胶和混凝土结合紧密，不得产生空隙。

中埋式钢边橡胶止水带施工现场如图 9-8 所示。

3. 外贴式止水带施工

（1）止水带设置在其他防水层表面时，可采用胶粘法等固定，不得采用水泥钉穿过防水层固定。

（2）止水带的纵向中心线应与接缝对齐，止水带安装完毕后，不得出现翘边、过大的空鼓等部位，以免灌注混凝土时止水带出现过大的扭曲、移位。

（3）转角部位的止水带齿条容易出现倒伏，应采用转角预制件或采取其他防止齿条倒伏的措施。

（4）应确保止水带齿条与结构现浇混凝土咬合密实；浇筑混凝土时，止水带表面不得有泥污、堆积杂物等，否则必须清理干净。

外贴式止水带施工现场如图 9-9 所示。

图 9-8　中埋式钢边橡胶止水带施工现场　　　图 9-9　外贴式止水带施工现场

9.3　铝模板技术的应用

9.3.1　铝模板技术特点

铝模板系统施工方便，适用面广，在技术、经济、效率等方面具有很大优势，但在结构复杂部位不建议使用。管廊主体结构单一、相似，这给铝模板的使用提供了先决条件，因此在连云港徐圩新区地下综合管廊一期工程中，采用了铝模板系统，其特点如下：

（1）模板涂刷特有的模板隔离层，施工质量更好；

（2）材质强度超过国标要求，模板刚度大、不变形、不起鼓，周转次数远高于同行业水平；

（3）铝合金模板快拆体系操作轻便快捷、劳动强度低、效率高；

图 9-10　顶板铝模安装现场

（4）铝合金模板外观美观整洁、品质高档、施工形象好；

（5）配套的现场拆装运输工具，安全、高效、轻松作业；

（6）全部采用定型设计，工厂生产制作，模板工程质量优；

9.3.2 铝模板安装技术

1. 铝模板物料的放置

模板卸下后必须按规格及尺寸堆放。把模板分成 25 个一堆，堆放在货架或托板上。模板叠放时必须保证底部第一块模板板面朝上。

2. 放线测量、控制及纠正偏差

装配模板之前，在装配位置进行标高水平测量。沿墙线标高不得超出设计标高 10mm。沿墙线低于基准点时需用胶合板或木头填塞模板至所需水平高度。墙边模板线误差控制在 1mm 以内，离模板线外侧 150mm 应在相同方向再平行放一条控制线。放样线应穿过开口、阳角等至少 150mm，便于控制模板在浇筑前的正确位置。安装好垂直模板以后，立即检查阳模的垂直度并采取措施控制偏差。除了平模外围起步板的标高外，可以用螺旋千斤顶和铁链来拉动模板校正墙面垂直度。也可用可调支撑控制墙面垂直度。

3. 模板安装前检查

开始安装模板时，复查定位钢筋是否在放样线内，确保模板安装对准放样线。所有模板从转角开始安装，使模板保持侧向稳定。安装模板之前，保证所有模板接触面及边缘部已进行清理和涂油。转角稳定后和内角模按放样线定位后继续安装整面墙模。为了拆除方便，墙模与内角模连接时销子的头部应尽可能地在内角模内部。封闭双边模板之前，需在墙模连接件上预先外套 PVC 管，同时要保证套管与墙两边模板面接触位置要准确，以便浇筑后能收回对拉螺杆。当外墙出现偏差时，必须尽快调整至正确位置，需将外墙模在一个平面内轻微倾斜，如果有两个方向发生垂直偏差，则要调整两层以上，一层调整一个方向。在墙模顶部转角处，固定线锤上端，线锤自由落下，线锤尖部对齐楼面垂直度控制线。如有偏差，通过调节斜撑，直到线锤尖部和参考控制线重合为止。

4. 安装板模

安装墙顶边模和顶板角模之前，在构件与混凝土接触面处涂脱模剂。墙顶边模和边角模与墙模板连接时，应从上部插入销子以防止浇筑期间销子脱落。安装完墙顶边模，即可在角部开始安装板模，保证接触边涂脱模剂。龙骨用于支撑板模，在大多数情况下，应按板模布置图组装龙骨。用 132mm 销子和两条 330mm 的加固条（BB 条）将龙骨组合件中的 S（支撑头）同相邻的两个板龙骨连接起来。把支撑钢管朝龙骨方向安装在预先安装好的龙骨组件上，当拆除支撑钢管时这可保护其底部。用支撑钢管提升龙骨到适当位置。通过已在角部安装好的板模端部，用销子将龙骨和板模连接。每排第一块模板与墙顶边模连接，第二块模板需与第一块板模相连。第二块模板不与龙骨相连是为了放置同一排的第三块模板时有足够的调整范围，第三块模板和第二块模板接上后，第二块模板固定在龙骨上。用同样的方法安装剩下的模板。

顶板铝模安装现场如图 9-10 所示。侧墙铝模安装现场如图 9-11 所示。

图 9-11 侧墙铝模安装现场

5. 模板检查及维护

所有模板应清洁且涂有合格脱模剂。确保墙模按放样线安装，全部开口处尺寸正确并无扭曲变形。保证板底支撑钢管垂直，且支撑钢管没有垂直方向上的松动。确保墙模和柱模的背楞和斜支撑正确，对拉螺杆、销子、楔子保持原位且牢固。混凝土浇筑期间要时刻检查销子、楔子及对拉螺杆的连接情况，严禁销钉销片或对拉螺杆的滑落。

6. 铝合金模板的拆除

根据工程项目的具体情况决定拆模时间，一般情况下（天气正常）24h 后可以拆除墙模。拆除墙模板之前应先拆除垫木、横撑、背楞、模板上的销子和楔子。墙模板应该从墙头开始，拆模前应先抽取止水螺杆。

7. 支撑系统施工方法

本工程管廊内净高 3.3～3.4m，模板支撑选用工具式钢支柱。其搭设需满足规范要求。

模板支撑体系支设前应按方案进行放线，做出样板单元，支模分段或整体支设完毕，经项目安全和质量负责人主持分段或整体验收，验收合格后方能进行钢筋安装和混凝土的浇筑。

9.3.3 社会经济效益

与铝模板相比，目前市场存在的木胶合板模板、钢模板等模板体系存在技术含量偏低、施工效率低、浪费人工、污染严重等问题，因此铝模板在徐圩新区地下综合管廊一期工程二标使用得到业主单位及上级单位的高度评价和认可。

"综合管廊定型铝模施工工法"通过在徐圩新区地下综合管廊一期工程二标中实践运用，形成了一套详细的施工工艺和施工方法，对今后铝模板在管廊等同类施工有着很好的指导和借鉴意义。

在本次施工中，采用此工法，节约了辅助材料的投入，提高了工效，通过科技攻关、施工优化，实行全面安全管理，确保了地下综合管廊施工，大大节约周转材料的投入，节省了资金投入，创造了更高的效益。

9.4 混凝土冬季施工技术

根据历年资料，连云港地区最低气温－12℃，基坑支护采用钢板桩及内支撑基本不受低温影响，本地区冬季冻土厚度50cm左右，对基坑土方开挖基本无影响。因此主要考虑混凝土工程的冬季施工技术措施。

9.4.1 外加剂的使用

冬期施工中，从本工程的结构类型、性质、施工部位以及外加剂使用的目的来选择外加剂。选择中应考虑：改善混凝土的和易性，减少用水量，提高拌合物的品质，提高混凝土的早期强度；降低拌合物的冻结冰点，促使水泥在低温或负温下加速水化；促进早中期强度的增长，减少干缩性，提高抗冻融性；外加剂的选择时要注意其对混凝土后期强度的影响、对钢筋的锈蚀作用及对环境的影响，如含氨的混凝土外加剂；冬期施工尽量不使用水化热较小的矿渣水泥等。

冬期施工所有的外加剂，其技术指标必须符合相应的质量标准，应有产品合格证。对已进场外加剂性能有疑问时，须补做试验，确认合格后方可使用。外加剂成分的检验内容包括：成分、含量、纯度、浓度等。常用外加剂的掺加量在一般情况下，可按有关规定使用。遇特殊情况时要根据结构类型、使用要求、气候情况、养护方法通过试验，确定外加剂掺加量。

9.4.2 混凝土的拌制及养护

混凝土搅拌站严格按照试验室发出的配合比通知单进行生产，不得擅自修改配合比。搅拌站配备一台2T煤锅炉，用于水加热。搅拌前先用热水冲洗搅拌机10min，搅拌时间为47.5±2.5s（为常温搅拌时间的1.5倍）。搅拌时投料顺序为石→砂→水→水泥和掺合料→外加剂。生产期间，派专人负责骨料仓的下料，以清除砂石冻块。搅拌站要与气象单位保持密切联系，对预报气温仔细分析取保险值，分别按－5℃、－10℃和－15℃对防冻剂试验，严格控制其掺量。必须随时测量拌和水的温度，水温控制在50±10℃，保证水泥不与温度≥80℃的水直接接触。

养护措施十分关键，正确的养护能避免混凝土产生不必要的温度收缩裂缝和受冻。在冬施条件下必须采取冬施测温，监测混凝土表面和内部温差不超过25℃。混凝土养护采取蒸汽养护。采用塑料薄膜加盖保温帆布、土工布养护，防止受冻并控制混凝土表面和内部温差。在新浇筑混凝土表面先铺一层塑料薄膜，再严密加盖两层草帘、防水土工布。对上口周圈封好。混凝土初期养护温度，不得低于－15℃，不能满足该温度条件时，必须立即增加覆盖棉被保温。拆模后混凝土表面温度与外界温差大于 25℃时，在混凝土表面，必须继续覆盖棉被。

9.4.3　管廊侧墙和顶板冬季施工措施

管廊舱体一般采用预制结构，然后在现场拼装，但是在连云港这种海相软土场地，其基坑支护存在内支撑，现场拼装不具操作性，因此采用了现场浇筑的形式，这就给混凝土的养护工作增加了难度，尤其是在冬季。本次工程采用的养护形式为蒸汽掩护，现场搭设锅炉，封闭管廊舱体充气养护。

1. 蒸汽养护施工布置方案

采用蒸汽锅炉，蒸汽量为 2t/h（两台 1t/h），额定压力为 0.8MPa。蒸汽主管道采用 DN50 钢管，分支放汽管道采用 DN25 钢管，在放汽管道上均匀钻一排 φ3 孔眼，孔距 500mm。侧墙与钢板桩、管廊两端进行封闭处理，顶层塑料薄膜加盖两层草帘养护，以尽量减少热损失，保证蒸汽养生的温度。具体情况如图 9-12 所示。

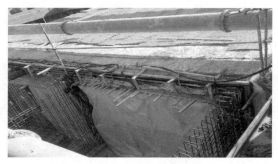

图 9-12　蒸汽养护现场图片

蒸养系统测温采用压力式温度计恒温每 2h 测温一次，升、降温每 1h 测定一次，并做好详细的温度记录，根据实测温度确定蒸汽放入量，以调节跟踪蒸养升温、降温，防止混凝土表面开裂。蒸养的时间根据室外气温的高低以及混凝土强度的增长情况等适当缩短或延长。蒸汽养护如图 9-13 所示。

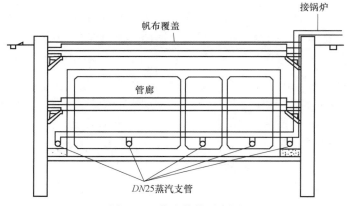

图 9-13　蒸汽养护示意图

157

2. 混凝土蒸汽养护施工工艺

管廊混凝土灌注完毕后盖养护罩,早期蒸养跟踪养护,以 2t 锅炉供汽,管道直接接入管廊舱室内,用压力式温度表测定棚内温度。

管廊采用蒸汽养护时,静停期间保持棚温不低于 5℃,灌注完 4h 后方可升温,升温速度不大于 10℃/h,恒温时蒸汽温度不超过 45℃,蕊部混凝土温度不应超过 75℃,降温速度不大于10℃/h。蒸养期间及撤除保温设施时,混凝土芯部与表层、表层与环境温差不宜超过 20℃。

依据混凝土凝结硬化原理,蒸汽养护分为静停、升温、恒温、降温四个阶段。采用分段升温方案,若假定环境温度 10℃,可将混凝土的蒸汽养护制度制定为:静停 5h;升温不少于6.5h,升温速度为 5℃/h;恒温 18h,最高温度 45℃;降温速度不大于 10℃/h,用时不超过21h。具体情况如图 9-14 所示。

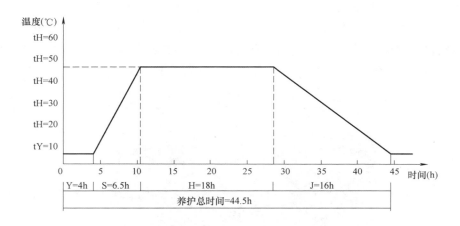

图 9-14 蒸汽养护各阶段温度及用时图

Y—静停期;S—升温期;H—恒温期;J—降温期;tH—恒温温度;tY—预养温度

9.4.4 防水工程冬季施工措施

防水施工前基层表面要清理干净,不得有冰、雪等杂物。混凝土基层面必须做到坚固、没有污渍、尘土、油脂、脱模剂、松浮物、蜡及其他外来物质,因为这些物质可能减防水卷材的粘结力及其整体防水效果。混凝土凹凸面、蜂巢、裂缝基层的处理:将松动混凝土去除至完好表面,在大于 0.2mm 的裂缝,开凿 V 形槽至少 2.5mm 深或开到良好的混凝土表面,在所有空隙开槽的地方,修补抹平压实砂浆。

在拆除模板后,凿去螺栓中的垫片、螺栓是地下渗漏最大的隐患之一,螺栓切割时要低于混凝土表面 0.5cm,用防水砂浆补平。防水卷材施工措施:在施工前做好天气预报记录,根据天气情况施工,遇上下雨天气,停止施工。

防水施工应选在一天中气温较高时,一般为上午 10:00 点至下午 3:00 点,大风及雪天停止施工。冬期进行防水工程施工应尽量选择无风晴朗天气进行,在迎风面宜设置活动的挡风装置。

防水材料及辅助材料应覆盖，防止雨雪，施工现场严禁烟火并配备适当灭火器，高空作业施工人员必须佩戴安全带，四周应设防护措施。

9.5　预埋槽道应用技术

9.5.1　后锚固工艺存在的问题

传统上管廊内管线、机电设备安装多采用后锚固技术，传统的支吊架系统主要由角钢、槽钢或方管焊接而成，然后用锚固螺栓直接安装到结构主体上，需要在钢筋混凝土主体结构上频繁钻孔，很容易破坏混凝土结构内部配筋，影响整体结构的受力、稳定性，使主体工程使用寿命大打折扣。并且施工过程中产生的震动、噪声、灰尘、焊接气体等，不但会对结构造成污染，而且对施工人员的健康非常不利，还存在很大的安全隐患。

由于采用的都是后锚固技术，在管廊主体结构完工后，尤其是现浇混凝土主体，经过养护期后需要再观察一段时间，才能开始钻孔、安装、敷设相关廊内设施，导致施工周期加长。并且人工钻孔效率低下，施工人员水平良莠不齐，导致施工过程中重复出现各种问题，需要不断返工，严重延缓施工进度。在后期管廊运营、维护过程中，拆卸、更换支吊架不方便，还需要对原先主体结构上的钻孔位置进行修复，拆卸下的零配件只能报废，不允许再重复利用，无形中增大运维成本。

因此，本工程采用预埋槽道施工技术（图 9-15）。

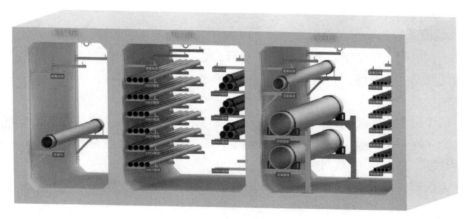

图 9-15　预埋槽道效果图

9.5.2　预埋槽道介绍

预埋槽道又称"哈芬槽"，最早由德国的哈芬集团公司作为新型建筑材料引进到幕墙、高速铁路、地铁、核电站、钢铁厂等工程领域中，主要是指由热轧一次成型工艺生产的 C 形直线或圆弧形的槽钢，槽道内部有防松动齿或燕尾沟槽设计，保证槽道使用安全、便捷、防松滑、防震动。背部设有圆柱头或工字钢铆钉，采用摆碾铆、冲铆、径向铆接或焊接等工艺使之与 C 形槽钢融为一体。预埋槽道表面的防腐涂层主要为热浸镀锌，镀锌层平均厚度≥80μm，能满足绝大部分地区综合管廊地下环境的防腐要求，平均使用寿命能达到 30～50 年。但对于沿海大气盐雾浓度较高、地下环境湿热的城市，应采用防腐性能更高的多元合金共渗层＋热浸锌＋重防腐锌铝复合涂层的技术，这是目前在防腐领域较先进的技术，其卓越的防腐蚀性能可保证预埋槽道使用寿命长达百年之久。

预埋槽道制作工艺种类繁多，还有一种使用较为普遍的制作工艺，称作"全热轧预埋槽道"，实质是先热轧后成边，再冷弯成型，其力学性能、稳定性、截面形状尺寸远不如一次成型的热轧槽道。主要用于玻璃幕墙、高层等承载力要求不高的工程中。城市地下综合管廊内的预埋槽道主要以热轧预成型的为主。

由原材料加工制作到成型预埋槽道的工艺流程如下：

铁矿石→高炉冶炼铁水→转炉初炼钢水→钢包精炼炉精炼钢水→280mm×380mm 方坯连铸→轧制 φ90 圆钢→进一步轧制成各种规格的槽钢。

1. 预埋槽道的防腐工艺

预埋槽道的防腐技术主要分为电镀锌、热浸镀锌、多元合金共渗＋特殊封闭层防腐等技术。对应用环境较好、防腐要求不高的或临时使用的工件一般采用电镀锌、热镀锌方式进行防腐。其中多元合金共渗层与基体之间为扩散冶金结合，因而具有良好的结合强度，在各种弯曲和冲击载荷作用下，渗层不会起皱和脱落。多元合金共渗层为铁、锌合金，其硬度高于电镀锌、热镀锌和热喷涂锌，具有良好的耐磨损性。多元合金共渗＋特殊封闭层能够满足中性盐雾实验 2400h 以上，而电镀锌为中性盐雾时间 20～300h，热浸锌为中性盐雾时间 100～500h。

2. 预埋槽道的热轧一次成型工艺

热轧一次成型工艺是指，通过对钢坯进行全数字频透加热至 1200℃，并连续对钢坯各个方向的轧制，反复辗齿，最后轧制成成品预埋槽道的整个过程。

热轧预埋槽道的优势：

（1）成型过程中温控精确，沿长度范围材质稳定均匀，力学性能、化学成分稳定；

（2）全热轧一体成型，槽体截面形状稳定，残余应力小；控制尺寸公差、直线度、刚度、力学性能、挠度精度高、误差小；

（3）金属塑性高，变形抗力低，大大减少了金属变形的热轧能量消耗。改善金属及合金的加工工艺性能，不破坏钢的组织，细化钢材的晶粒，消除残余应力，提高了预埋槽道的加工性能。

3. 预埋槽道铆钉铆接工艺

槽体与铆钉铆接时有摆碾铆、冲铆、径向铆接和焊接等工艺。

摆碾铆又称为热铆，先将铆钉铆接端加热到 800℃，再将加热端装入槽道背面预先冲的好的铆钉孔中，然后将加热端伸出槽道铆钉孔的部分用模具碾压成型，直至槽道与铆钉结合成一个整体，并达到技术要求为止。

冲铆又称冷铆，先将铆钉铆接端装入槽道背面预先冲的好的铆钉孔中，然后利用冲床上的模具瞬间将铆接端冲压成型，直至槽道与铆钉结合成一个整体，并达到技术要求为止。

径向铆接，是结合冷铆与热铆接的基础上，通过数控程序加入更为复杂的工序，柔和的、循序渐进的控制铆接端金属变形，直至槽道与铆钉结合成一个整体，并达到技术要求为止。

焊接，顾名思义，就是将铆钉直接焊接到槽体上。

热铆容易造成晶间硬化等问题，冷铆接的残余应力较大，焊接不但容易引起变形，而且容易形成焊接应力，焊缝还更容易产生被腐蚀。目前只有径向铆接工艺能有效解决晶间硬化、残余应力、槽体变形等问题，但是由于工艺流程过于复杂，制作成本相当高，应用远没有热铆或冷铆普遍。

9.5.3　预埋槽道与后锚固方式的对比分析

1. 传统后锚固工艺

在地下综合管廊内，采用后锚固方式，首先在管廊主体上用电锤或钻孔机钻出相应规格的孔洞，再利用连接件、锚固螺栓将支吊架系统直接与主体连接。传统钻孔分为膨胀螺栓固定和化学锚栓固定两种方式，具体工艺流程如下：

槽道中线及标高放样→在槽道安装范围内使用钢筋探测仪探测，并画出钢筋网格线→锚固螺栓孔位放样定位→打孔→清孔→观察孔群周围状况→安装机械锚栓或化学锚栓→槽道预安装→清孔或植入固化剂→安装锚栓→安装调节固定槽道→报检。

对于后锚固方式，要保证工件的设计安装精度，工艺过于复杂，对施工人员技术要求高，势必增加人工成本。而且钻孔过程中产生的震动容易使孔群周围产生裂纹，钻孔过后容易使主体结构内部暴露在空气下，内部配筋有可能会产生锈蚀。槽道等主要受力结构也暴露在空气下，极易产生腐蚀、损坏，工程整体质量难以保证、使用寿命大打折扣。

2. 预埋槽道与后锚固方式的成本对比

预埋槽道与后锚固槽道的投入预算见表 9-1、表 9-2。

预埋槽道每公里的投入预算　　　　　　　　　　　　　　表 9-1

类　　别	价　　格	备　　注
预埋槽道每米价格	约 150 元/m（含税、运费、第三方检测费用、配套螺栓及检测费用）	按管廊截面一室三舱，预埋槽道长度 10m，防腐要求 100 年计算
预埋槽道每米人工价格	50 元/m（包含用电、设备折损、劳保等费用）	
每公里预埋槽道投资	约 200 万元/km（含税、含运费、含人工费用，含第三方检测费用、含配套螺栓及检测费用）	

后锚固槽道每公里的投入预算　　　　　　　　　　表 9-2

类　　别	价　　格	备　　注
后锚固槽道每米价格	约 180 元/m(含税、运费、第三方检测费用,含配套螺栓、连接件、锚固螺栓及检测费用)	按管廊截面一室三舱,预埋槽道长度 10m,防腐要求 100 年计算
预埋槽道每米人工价格	100 元/m(包含用电、设备折损、劳保等费用)	
每公里预埋槽道投资	约 280 万元/km(含税、运费、人工费用、第三方检测费用,含配套螺栓、连接件、锚固螺栓及检测费用)	

30 年内运营、维护成本投入:

预埋槽道:主体选用优质钢材一次热轧成型,表面采用先进防腐工艺可满足综合管廊寿命百年要求,采用预埋槽道技术基本无后期维护成本。

后锚固槽道:传统膨胀螺栓一般采用电镀锌进行防腐,防腐年限为 15~20 年,受隧道内安装质量、环境腐蚀的影响,采用传统后锚固槽道为满足地铁寿命百年要求,需要定期对其进行维护或更换。按照极限年限 20 年更换一次计算,30 年后采用后锚固槽道需增加运营及维护成本:50 万~80 万元,总计成本将达到 360 万元以上。

3. 预埋槽道与后锚固槽道施工效率和安全性对比

后锚固槽道技术在管廊主体结构成型后,为进行后续配套支架、供电设备等相关设备的安装需在廊内对主体结构进行钻孔、清孔作业。在通风环境较差的环境下进行,施工现场将形成粉尘、噪声严重的恶劣工作环境,严重影响工人健康,造成施工工人尘肺病等职业病症。一般管廊正常施工情况下,各专业各自作业有时需要进行交叉施工,各专业自行打孔及安装管线,作业班组多,工序交接复杂,管理难度大,干扰严重,施工效率较低,而且交叉施工易引发事故。

采用预埋槽道技术,当管廊主体成型后,只需清理槽道内的填充物、渣滓后即可进行直接进行配套支架、供电设备等相关设施的安装敷设,管线支架统一安装,只需使用简单的工具就可以实现设备安装,无须打孔、无粉尘、无噪声、无振动,大大改善工作环境,保护工人健康,并且工序交接简单,管理方便。各个专业可以进行有序的交叉施工,互不影响,施工效率至少是后锚固槽道技术的 3 倍以上。

后锚固槽道技术施工工艺的整体可控性较低,管廊主体为一次性成型结构,一旦所钻的孔群出现比较严重的偏差,将很难保证设计要求,与设计要求差距较大,为满足设计要求,将进行设计变更,影响整体布局,增大工作量。

预埋槽道技术,槽道在管廊主体现浇或预制过程中严格按照设计要求进行相应节段的施工,能有效避开和主体内配筋的干涉,并且预埋槽道嵌入混凝土主体结构中能大大加强自身的承载能力,配套支架、设备等安装时完全可满足设计要求,基本无设计差异。

后锚固槽道技术需要在既有管廊主体上钻孔,钻孔的过程中可能碰到结构钢筋,对结构本身造成一定的损伤,影响主体结构耐久性。化学植筋或膨胀螺栓本身寿命有限,在湿热、大气盐雾浓度高的沿海城市环境下容易腐蚀,最多使用 15~20 年就要进行维护或更换,远远达不到地铁 100 年耐久性要求。植入的钢筋或膨胀螺栓与钢筋网接触,容易引起结构钢筋腐蚀,影响结构安全。膨胀螺栓在混凝土中产生应力集中,从而使得破坏概率大大增加,结构不安全。化学锚栓施工步骤复杂,对钻孔要求很高,同时锚固胶的锚固质量不能有效地保证。

后锚固槽道技术在运营过程中,应力主要集中在锚栓节点处,在静荷载作用下也许能相安无事,但是在地震荷载或者偶然的动荷载直接或间接作用下,极易使锚栓孔群周围产生裂纹,影响结构整体的受力,埋下安全隐患。

预埋槽道技术,将预埋槽道直接埋入混凝土主体结构中,由于槽道上部带有锚杆,预埋时与主体结构能够牢牢地固定,与主体结构融为一体,不会出现槽道裸露出来的现象,同时预埋槽道内带有齿形,可承受横向及纵向方面的力。能与主体保持固有的振动频率,对主体结构零损伤,有效地保证了混凝土结构的完整性,不干涉、破坏混凝土内部配筋,延长使用寿命。承载力大,可承受管廊内内设备的安装需求。即使在混凝土开裂的情况下,直接受到动荷载冲击时,也能有效保持 60% 以上荷载承受能力。也就是说,只要管廊主体结构不瘫痪,在允许的极限工作荷载范围内,预埋槽道是很难被破坏的。

9.5.4　预埋槽道的安装工艺

1. 木质模板现浇混凝土体预埋槽安装技术规程

需准备的材料有木质模板、泡沫填充条、预埋槽、钉子。具体步骤如下:

(1) 将泡沫填充条均匀放入预埋槽凹槽处,确保泡沫填充条无损坏,且两端与预埋槽修剪平整;

(2) 使用钉子将填充好的预埋槽固定到模板上;

(3) 将固定好预埋槽的模板安装到要浇筑管廊主体的相应位置;

(4) 混凝土浇筑完毕拆取模板时,取下预埋槽填充条;

(5) 剪掉钉子,并用角磨机打磨匀顺,使之不影响托臂底板的安装,至此预埋槽安装完成。

安装预埋槽时不能破坏混凝土体预埋件或与之干涉,且不能影响混凝土的浇筑。预埋槽内不能进入混凝土,固定钉子的后期处理不能影响后续托臂底板的安装和使用。

预埋槽填入泡沫填充条后,可根据现场实际情况在两端加上封盖,防止浇筑混凝土时破坏填充条,而使混凝土流入预埋槽内;钉子在后期不影响托臂底板的安装和使用的情况下,可以将其弯折在预埋槽内,能起到加强的作用;钉子可以根据现场安装情况采用塑料钉头的,能在安装完成后有效地拔出,而不破坏混凝土主体;部分影响后期使用的钉子,可以修剪并用角磨机打磨匀顺。

2. 钢模板现浇混凝土体预埋槽安装技术规程

需准备的材料有钢模板、泡沫填充条、预埋槽、T 形螺栓。具体步骤如下:

(1) 先将 T 形螺栓等间距放置于预埋槽凹槽里,再将泡沫填充条均匀塞入预埋槽凹槽中,T 型螺栓处泡沫填充条可断开,但是必须塞紧,保证 T 形螺栓不松动;

(2) 在混凝土模板上开制等间距长圆孔,长度不小于 30mm,孔径等于 1.2 倍的螺栓直径；

（3）将预埋槽固定到钢模板上；

（4）将固定好预埋槽的钢模板安装到要浇筑管廊主体的相应位置；

（5）混凝土浇筑完毕拆取模板时，卸下 T 形螺栓螺帽及垫片，取下钢模板之后，再取下泡沫填充条，并将螺帽拧回到 T 形螺栓上，留待下一步固定托臂底板用。

安装预埋槽时不能破坏混凝土体预埋件或与之干涉，且不能影响混凝土的浇筑。预埋槽内不能进入混凝土，钢模板上的 T 形螺栓孔间距应与预埋槽上螺栓间距保持一致，偏差应小于 10mm，预埋槽 T 形螺栓应有保护措施，防止在浇筑混凝土或卸下钢模板时被损坏；

预埋槽填入泡沫填充条后，可根据现场实际情况在两端加上封盖，防止浇筑混凝土时破坏填充条，而使混凝土流入预埋槽内；钢模板上开制长圆孔，便于预埋槽的固定，但是预埋槽固定 T 形螺栓应尽量拧紧，防止在浇筑混凝土时预埋槽松动；预埋槽上采用 T 形螺栓固定，在卸下钢模板后，还可以继续作固定托臂底板使用。

第 10 章　基础工程施工技术

　　本管廊工程位于滨海相软土环境，天然地基承载力不能满足工程要求，因此采用双向搅拌粉喷桩进行了地基处理。综合基坑稳定性、工程造价等因素采用了钢板桩进行支护，在基坑施工过程中同样遇到了一些问题，如高压电线干扰钢板桩施工、淤泥质土增加基坑开挖难度、既有道路桥梁等设施的影响等。

10.1 双向搅拌粉喷桩的应用

双向搅拌粉喷桩在软基处理中已经得到了广泛的应用，较常规搅拌桩的桩身质量更均匀，桩身强度沿深度变化较小，且复合地基的沉降较常规搅拌桩要小。连云港徐圩新区地下综合管廊工程采用了双向搅拌粉喷桩处理地基，以保障管廊结构基础的稳定性。

10.1.1 双向搅拌粉喷桩施工工艺

双向搅拌粉喷桩是指在水泥土搅拌桩成桩过程中，由动力系统带动分别安装在内、外嵌套同心钻杆上的两组搅拌叶片同时正、反向旋转搅拌水泥土而形成的水泥土搅拌桩（图10-1）。核心工艺内容是"一喷双搅"，一喷为在下钻的过程中，一次性将设计灰量喷完。双搅为正、反两个方向的搅拌和在下钻、提升过程中的搅拌。

图 10-1　双向搅拌粉喷桩施工现场

双向搅拌粉喷桩具体施工步骤如下：

移动桩机使钻头对准桩位并调平机架，先后启动内钻杆转动和外钻杆转动，待内钻杆钻头入土后达到设计高程时开始送灰，根据试桩情况，送灰时压力保持在0.5MPa左右。在下钻过程中，要注意观察内、外钻杆的电流变化，如发现电流有异常变化，应停止下钻。当打设到设计深度时，停止送灰并开始提升钻杆。在钻杆提升过程中，应送气，压力保持在0.2～0.3MPa，主要目的是防止喷灰口堵塞。当内钻杆钻头提离原地面10cm后，先将外钻杆停止转动，然后将内钻杆停止转动。

双向搅拌粉喷桩施工控制参数见表10-1。

双向搅拌粉喷桩施工工艺参数　　　　　　　　　　表 10-1

序号	参数名称	单位	参数值
1	内钻杆转数 r	r/min	50
2	外钻杆转数 r	r/min	70
3	提升速度 v	m/min	0.7～1.0
4	空气压力	MPa	0.5
5	钻进速度 V_p	m/min	0.7～1.0

软基处理部位位于管廊底板以下，粉喷桩横向间距 0.5m，纵向间距 l.0m，桩长 4m 和 12m 间隔布置。

10.1.2　现场加载试验

为了检验地基处理的效果，对搅拌桩的复合地基承载力及单桩承载力进行了检测。其中单桩承载力设计值为 44kN，复合地基承载力设计值为 101kPa。因此，复合地基承载力检测的最大加载量为 210kPa，单桩承载力检测最大加载量为 90kN。

复合地基检测时采用方形加载板，面积为 4m²。单桩承载力检测时采用圆形加载版，直径为 500mm，与桩体直径相同。

复合地基加载试验的分级荷载为 42kPa、63kPa、84kPa、105kPa、126kPa、147kPa、168kPa、189kPa、210kPa，卸载顺序为 168kPa、126kPa、84kPa、42kPa、0kPa。加载时每级荷载每 30min 读数一次，直至位移稳定。卸载时每级荷载持续 1h，卸载至 0 时，持续时间为 3h。

单桩加载试验的分级荷载为 18kPa、27kPa、36kPa、45kPa、54kPa、63kPa、72kPa、81kPa、90kPa，卸载顺序为 72kPa、54kPa、36kPa、18kPa、0kPa。加载时每级荷载按第 5min、15min、30min、45min、60min 读数一次，之后按 30min 读书一次，直至位移稳定。卸载时每级荷载持续 1h，按 30min、60min 读数一次，卸载至 0 时，持续时间为 3h，并按 15min、30min、60min、120min、180min 进行读数。

1. 单桩承载力

图 10-2 为单桩承载力检测结果，仅列出具有代表性的 4 根搅拌桩检测结果。

从检测结果来看，在最大加载 90kN 的条件下，4 根搅拌桩最大沉降分别为 36.90mm、22.72mm、24.28mm、7.36mm，最大回弹量分别为 13.52mm、8.95mm、8.80mm、1.97mm。从沉降曲线来看，4 根搅拌桩沉降曲线均未见明显陡降，且位移均呈收敛状态，最大位移量均在 40mm 以内。说明 90kN 并未达到极限荷载量，即单桩承载力

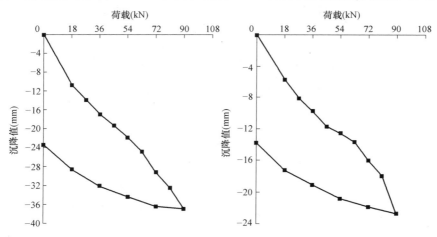

图 10-2　单桩承载力检测结果（一）

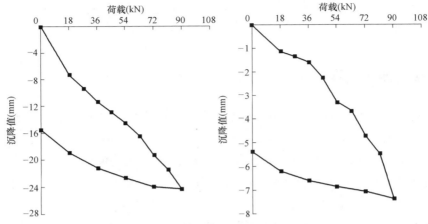

图 10-2 单桩承载力检测结果（二）

特征值大于 45kN，说明搅拌桩质量满足工程要求。

2. 复合地基承载力

图 10-3 为复合地基检测结果，仅列出具有代表性的 4 个检测点结果。

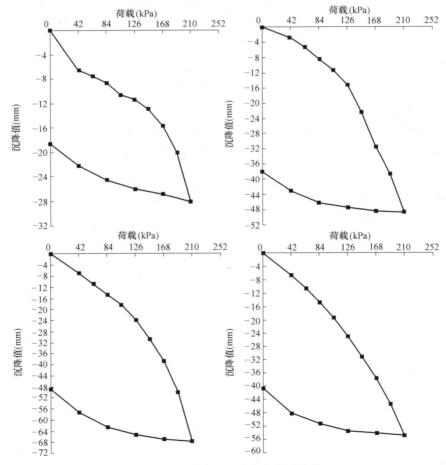

图 10-3 复合地基承载力检测结果

从检测结果来看，在最大加载 210kPa 的条件下，4 个检测点的最大沉降分别为 28.10mm、48.74mm、67.61mm、54.80mm，最大回弹量分别为 9.33mm、10.76mm、18.73mm、14.14mm。

从沉降曲线来看，4 根搅拌桩沉降曲线均未见明显陡降，且位移均呈收敛状态，最大位移量均在 70mm 以内。说明 210kPa 并未达到极限荷载量，即复合地基承载力特征值大于 105kPa。

3. 回弹率对比

图 10-4 为复合地基及单桩卸载时的回弹率对比，列出了 12 个测点。可以看出单桩卸载回弹率要比复合地基的大，12 个测点的均值，单桩为 35.67%，复合地基为 27.15%。单桩较复合地基的压缩模量要大，这是单桩回弹率较大的主要原因，说明承载力检测结果符合实际情况，其检测数据可靠性较高。

4. 加载试验结论

（1）通过承载力检测可以发现，在最大加载量为设计值的 2 倍时，符合地基和单桩的沉降曲线均未出现陡降段，且沉降量未超出允许值，说明最大加载量未达到极限荷载值。

（2）测试结果显示，复合地基和单桩承载力特征值均大于设计值，说明复合地基的设计满足工程需求。

（3）从回弹率来看，复合地基的回弹率小于单桩卸载回弹率，这与实际情况一致，说明了加载试验的可靠度较高。

现场加载如图 10-5 所示。

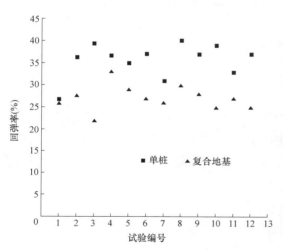

图 10-4　回弹率检测结果

图 10-5　现场加载图片

10.1.3　应用效果评价

为了评价双向搅拌粉喷桩的使用效果，在管廊主体结构完工 30d 后，在底板顶部设置了若干监测点，以监测地基的变形情况，主要监测地基垂直向变形。

图 10-6 为监测 60d 后的变形结果，从图中可以看出，地基垂直向变形均在 0mm 附近，最大沉降为 2.5mm，最大上浮为 1.8mm。说明双向搅拌粉喷桩的使用达到了预期效果，能够满足工程需求。

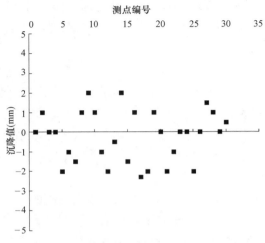

图 10-6　地基沉降监测结果测点编号放到下面

10.2　基坑开挖施工技术

10.2.1　标准段基坑施工技术

根据本工程实际情况，本工程采取"分段快速施工法"，分段长度为 2 个变形缝距离（一般 60m）。已建段与拟建段之间的搭接位置，保留 8～10m 范围过渡段暂不拆除，以增加基坑纵向稳定性。拟建段与未建段之间，采用放坡连接，放坡段两侧支护体系应先行施工，施工范围为拟建段向前延伸 30m。

1. 土方开挖流程

（1）坑底加固及地基处理施工及拉森钢板桩施工；

（2）开挖至标高 2.000，架设第一道钢腰梁和第一道钢支撑；

（3）开挖至标高 −0.700，架设第二道钢腰梁和第二道钢支撑；

（4）开挖至基坑底 −3.500，尽快完成复合地基承载力检测；

（5）施工垫层和管廊底板并设底板换撑带；

（6）待垫层、底板及底板换撑带混凝土强度达到 70%，拆除第二道撑；

（7）施工综合管廊主体结构，待顶板混凝土强度达到 100%，两侧回填至顶撑底；

（8）拆除支撑回填，确保管廊顶部覆土不小于 2.5m。

2. 土方开挖工艺

土方开挖应在支护结构施工质量检验合格后进行，土方开挖采用机械分层分段开挖，采用边开挖边支撑，分段距离采用 6m，分层主要分四层开挖。

（1）第一层安排 2 台日本小松 PC200-5 型挖机（斗容量 0.8m³，整机质量 19.9t）坑边挖土开挖至 2.0m（超挖 30cm），挖掘机垫钢板作业，第一道支撑施工（图 10-7）。

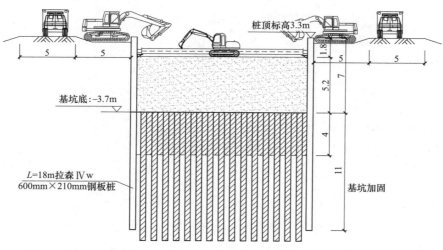

图 10-7　第一层开挖示意图

（2）第一道支撑安装完毕后进行第二层开挖：安排 2 台 PC100-4 型挖机（小型挖掘机，斗容量 0.44m³，整机质量 10.75t，挖掘机垫钢板作业）坑内挖土和 2 台 PC200-5 挖机坑边配合开挖土方至 −1.0m，及时安装第二道钢支撑（图 10-8）。

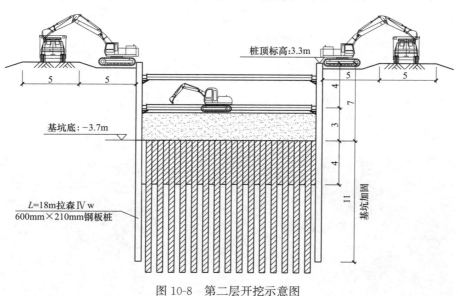

图 10-8　第二层开挖示意图

（3）第二道支撑安装完毕后进行第三层开挖：开挖机械同第二层并增加 2 台长臂挖土机 PC200-8（最大作业深度约 11.34m，挖掘机垫钢板作业）挖除土方至 −3.5m 左右，其余部分土方采用加长臂反铲进行第四层土方开挖至设计标高。土方开挖纵向边坡采用1：8（图10-9）。

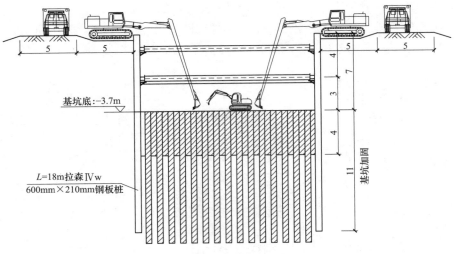

图 10-9　第三层开挖示意图

（4）开挖土方时，离设计垫层底部标高 150～200mm 厚的土方由人工清除，避免扰动地基，在围护桩边的土方采用人工配合挖土，以避免土方开挖对围护桩的破坏。挖土接近设计标高时，注意挖土机械不得碰伤桩头，桩头处应采用人工挖土。

10.2.2　倒虹吸段基坑施工技术

本工程有多处倒虹吸段，主要有方洋河倒虹吸段和纳潮河倒虹吸段等，由于汛期排洪需要，倒虹吸施工避开汛期。在施工时先围堰后开挖（图10-10）。

图 10-10　倒虹吸段施工现场

1. 围堰施工

1）填筑

围堰采用土袋围堰，围堰填筑用土，由挖掘机在河道两侧上层挖取，用土袋装好后，自卸汽车运至围堰填筑地点，再由挖机自两侧向河道中推碾填筑，直至合拢并达到设计高程及顶宽（图 10-11）。

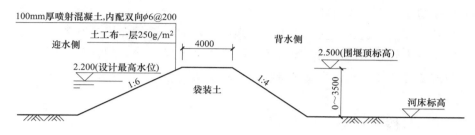

图 10-11　围堰断面图

施工围堰不仅仅是临时挡水堰体，而且是确保工程顺利施工、保证施工安全的重要措施，因此，围堰的填筑施工必须符合施工规范的有关要求，并逐层碾压密实，及时检测，同时在施工过程中，严格控制围堰的设计断面尺寸（图 10-12）。

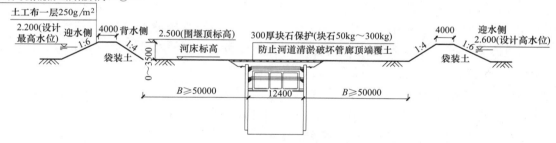

图 10-12　基坑整体断面图

2）维护

为了防止雨水冲刷、风浪对围堰的影响，等围堰填筑完成后，在围堰迎水面（最低水位以下 1m 到堰顶）采用喷射混凝土配钢筋进行防护，必要时，在围堰背水坡脚采用防渗导流措施进行防护。围堰施工完毕后，经常派人维护检查，在围堰背水面纵向两侧坡脚处各设置集水坑一个，并派专人排水，保持基坑内干燥。安排专人对围堰外的水位进行观测以及对围堰的检查，发现意外情况及时汇报，及时采取在围堰顶施打子堰加高等应急措施，确保围堰在高水位期间万无一失。

3）拆除

水下工程全部结束方可拆除围堰，拆除前，应先向河道内灌水以保持围堰内外水位基本持平。然后，用挖掘机将围堰水上部位的土方挖出，自卸汽车将土方运至弃土场内。水下方作业期间必须经常探测河床底高程及河道的宽度，直到满足设计要求。

2. 土方开挖流程

（1）围堰、便道施工、坑底加固及地基处理施工、止水帷幕桩、混凝土灌注桩施工。

（2）开挖至标高（第一道支撑处），浇筑第一道圈梁（混凝土围檩）和第一道钢支撑。

（3）开挖至标高（第二道支撑处），架设第二道钢腰梁和第二道钢支撑。

（4）开挖至基坑底，尽快完成复合地基承载力检测。

（5）施工垫层和管廊底板并设底板换撑带。

（6）待垫层、底板及底板换撑带混凝土强度达到70%，拆除第二道撑。

（7）施工综合管廊主体结构，待顶板混凝土强度达到100%，两侧回填至顶撑底。

（8）拆除支撑回填，确保管廊顶部覆土不小于2.5m。

10.2.3 交叉口段基坑施工技术

1. 土方开挖流程

（1）坑底加固及地基处理施工、止水帷幕桩施工、混凝土预制方桩施工。

（2）分层开挖至坑底并逐层设置支撑体系。开挖至标高2.150，浇筑第一道围檩和第一道混凝土支撑。开挖至标高-1.950，浇筑第二道围檩和第二道混凝土支撑。开挖至标高-5.450，浇筑第三道围檩和第三道混凝土支撑。开挖至基坑底，尽快完成复合地基承载力检测。

（3）浇筑底板并设置底板换撑带，养护至70%强度后拆除第三道支撑。

（4）浇筑底板并设置底板换撑带（本步适应于中板与支护桩不相交），养护至70%强度后拆除第一道、第二道支撑。浇筑底板并设置底板换撑带（本步适应于中板与支护桩相交处），养护至70%强度后拆除第一道、第二道支撑。

（5）顶部结构施工。

（6）两侧钢板桩施工，逐层开挖并安装钢支撑。

（7）开挖到底后，凿除与中板相交的支护桩。

2. 土方开挖工艺

土方开挖应在支护结构施工质量检验合格后进行。土方开挖采用机械分层分段开挖，采用边开挖边支撑。由于地质情况较差，挖掘机选择轻型挖掘机垫钢板作业，运输车辆采用小型运输车，运输道路垫钢板。

土方开挖分段距离采用6m，分层主要分四层开挖：

第一层安排2台日本小松Pc200-5型挖机（斗容量0.8m³，整机质量19.9t）坑边挖土开挖至2.15m，挖掘机垫钢板作业，浇筑第一道围檩和混凝土支撑；

第一道支撑安装完毕后进行第二层开挖：安排2台PC100-4型挖机（小型挖掘机，斗容量0.44m³，整机质量10.75t，挖掘机垫钢板作业）坑内挖土和2台PC200-5挖机坑边配合开挖土方至-1.95m，浇筑第二道围檩和混凝土支撑；

第二道支撑安装完毕后进行第三层开挖：开挖机械同第二层并增加一台长臂挖土机PC350-6（最大作业深度约15m，挖掘机垫钢板作业）挖除土方至-5.45m左右，浇筑第三道围檩和混凝土支撑。

其余部分采用履带式抓铲挖土机开挖，宜用于开挖停机面以下的Ⅰ、Ⅱ类土，在软土地区常用于开挖基坑、沉井等。其适用于挖深而窄的基坑，疏通旧有渠道以及挖取水中淤泥、码头采砂等，或用于装载碎石、矿渣等松散料等。开挖土方时应避免扰动地基，在围护桩边的土方采用人工配合挖土，以避免土方开挖对围护桩的破坏。挖土接近设计标高时，注意挖土机械不得碰伤桩头，桩头处应采用人工挖土。

挖至设计标高后尽快进行复合地基检测，检测合格后应立即进行施工垫层，以避免土体隆起、泡水和土体扰动。

交叉口段施工现场如图 10-13 所示。

图 10-13　交叉口段施工现场图

10.3　拉森钢板桩施工技术

10.3.1　施工中存在的问题

本工程基坑支护设计采用 21m 拉森钢板桩，因管廊施工范围内存有高压线横跨管廊结构上方，电压等级为 110kV 及 220kV。经现场测量，高压线净高为 21～26m（按地面标高＋3.0m 计算）（图 10-14）。因此，设计中采用的单根 18m 长钢板桩不能满足工程要求，在施工中采取了如下措施：

（1）将 18m 长钢板桩截断为 9m 长，进行分段施工，然后进行焊接连接。如图 10-15 所示。

（2）降低地面标高，以获得更大的净空，如图 10-16 所示。

供电规范要求：根据《施工现场临时用电安全技术规范》JGJ 46—2005，机械与架空线路边线的最小安全距离见表 10-2。

图 10-14　现场高压线

图 10-15　钢板桩焊接现场

图 10-16　开槽降低地面标高

起重机与架空线路边线的最小安全距离（m）　　　　　　　　表 10-2

电压(kV)	<1	10	35	110	230	330	500
沿垂直方向	1.5	3.0	4.0	5.0	6.0	7.0	8.5
沿水平方向	1.5	2.0	3.5	4.0	6.0	7.0	8.5

　　在施工时，根据供电公司要求及《电力设施保护条例》，邀请供电公司现场交底，供电人员根据现场实际情况及钢板桩施工工艺，提出了更高的要求：

　　（1）110kV 高压线路水平安全距离每侧至少各 10m，垂直安全距离上下至少各 8m；

　　（2）220kV 高压线路水平安全距离每侧至少各 15m，垂直安全距离上下至少各 10m。

10.3.2　钢板桩施工方法

1. 施工准备

进场的钢板桩必须保证质量合格。

2. 测量放样

根据设计围护边线进行放样，先由测量人员定出钢板桩的轴线，可每隔一定距离（10～15m）设置导向桩，打桩时利用导线控制钢板桩的轴线。

3. 开挖导槽

钢板桩施工前根据支护轴线，开挖 1m 深、0.6m 宽导槽，便于钢板桩定位和施工，开挖的土方不得堆在沟槽附近，以免影响沉桩。

4. 安装导梁

保证沉桩轴线位置的正确和桩的竖直，控制桩的打入精度，防止板桩的屈曲变形和提高桩的贯入能力，需要设置一定刚度的、坚固的导架，亦称"施工围檩"；导架采用单层双面形式，通常由导梁和围檩桩等组成，围檩桩的间距为 2.5～3.5m，双面围檩之间的间距不宜过大，略比板桩墙厚度大 8～15mm。

5. 振动沉桩

采用屏风式打入法，该方法不易使板桩发生屈曲、扭转、倾斜和墙面凹凸，打入精度高；打桩机吊起钢板桩，人工扶起就位，单桩逐根连续施打，每根钢板桩自起打到结束中途不停顿，注意桩顶高程不宜相差太大，在插打过程中随时测量监控每根桩的斜度不超过 2％，当偏斜过大不能用拉齐方法调正时，需拔起重打。

用打桩机将钢板桩放至插桩位置，插桩时锁口对准。每一流水段落的第一块钢板桩作为定位桩，应先沿钢板桩的行进方向反向倾斜 8°左右，再开动振动锤，利用振动力把桩沉至离地面 1m 左右停止（防止施工打第二根桩时因摩擦过度而把第一根桩带入土中）。然后吊第二根、第三根逐步打入。

为了防止打桩时将相邻的已打桩因摩擦作用带入土中，要求每打好一根桩就要在顶部用电焊与相邻的桩相固定，连接成一片，加大抗摩擦力。

6. 拔桩

基坑回填后方可拔除，拔除时应跳拔，拔出后的空隙应及时回填密实。先用拔桩机夹住钢板桩头部振动 1～2min，使钢板桩周围土体松动，产生"液化"，减少土对桩的摩阻力，然后慢慢地往上振拔。拔桩时注意桩机的负荷情况，发现上拔困难或拔不上来时，应停止拔桩，可先行往下拖打少许，再往上拔，如此反复可将桩拔出来。

7. 拔桩孔处理

钢板桩拔除后留下的土孔应及时回填处理，土孔回填材料采用砂子，回填时应做到密实并无漏填之处。

10.3.3　现场安全控制措施

（1）针对高压线下方钢板桩施工，要求施工单位编制专项方案，并交底到每一位操作人员，现场实施时必须有安全员旁站；

（2）现场遇有问题，及时沟通供电公司，请求给予指导；

（3）施工过程中，如遇雷、雨、雪、雾、大风等恶劣天气情况下，必须停止一切施工，施工人员禁止在高压线保护范围内逗留；

（4）现场所有的弃物、覆盖物均要压实，避免刮风卷起造成危险；

（5）要求施工单位成立应急小组，做好应急响应。

10.3.4 精细化施工创造效益

综合管廊 A5＋220-A8＋420 段支护结构设计为 500mm×225mm 拉森钢板桩，设计桩长为 21m，由于全线地质情况变化，我们根据地质情况进行分段，基于精细化施工原则，对部分段落的钢板桩施工方案进行了优化。

根据地质报告剖面图，我们对全线的详细的分段，对 A5＋220-A8＋420 中地质状况较好的段落提出施工优化措施，即 A6＋825-A7＋337、A7＋521-A8＋420 段钢板桩桩长由 21m 优化为 18m，其余部分不变。

优化方案如下：

（1）支撑体系调整：钢板桩桩长由 21m 调整为 18m；增加第三道钢支撑；钢支撑的间距由 6m 调整为 4m。

（2）施工工艺调整：根据理论计算结果，为减少基坑暴露时间，我们对垫层施工段落进行了缩短（由 25m 调整为 6m 左右）。

（3）加强监测：严格按照《基坑监测方案》进行布置测点。

根据监测要求对该段相关技术指标进行了监测，监测结果表明坑外地表沉降值、支护结构顶部水平、垂直位移值，深层位移值均满足工程要求。在造价方面，该项优化措施共减少钢板桩 5644m，节省施工费用约 112.8 万元。

10.4 交叉口段基坑支护桩施工技术

10.4.1 钻孔灌注桩施工

综合管廊交口处支撑立柱基础采用钻孔灌注桩。钻孔灌注桩直径 80cm、桩长 19m，立柱桩基础时设置钢格构立柱，管廊围护桩范围内地质，以素填土、淤泥质黏土、淤泥、粉土、粉质黏土、粉细砂为主，主要采用回旋钻钻进成孔，如果在钻进过程中存在塌孔现象采用泥浆箱人工造浆，造浆材料选用购买高塑性黏土或膨润土造浆；泥浆池在钻孔桩内侧，清表后分段设置。

1. 施工工艺流程

现场准备→钻机就位拼装→桩位测量→钻头对中→开孔造浆→钻进→清孔→沉渣层检测→钢筋笼安放、钢格构安装→下导管→水下混凝土灌注→拔除护筒→凿桩头→成桩检验→下道工序施工。

2. 施工准备

现场清理整平完成后，测量小组采用全站仪坐标法施放钻孔桩桩位。埋好护筒后再在护筒四周埋设中心定位桩，用红油漆标记以便在钻进过程中检查、控制桩位。

3. 钻机就位

设备吊装由专人负责指挥，回转钻机安装稳固可靠，回转钻机保持水平，冲击钻头中心对准桩位中心。回转钻机就位后，必须经技术人员检查就位偏差和回转钻机调平符合质量要求，并经现场监理工程师报验合格后才可开钻。回转钻机就位误差小于 50mm，保证成桩桩位误差不大于 50mm。

4. 钻进成孔

开钻前，酌情配制比重为 1.3～1.4 的泥浆进入泥浆池及孔内。

钻孔时，钻架必须稳固，钻头对准桩位中心，开钻前对钻机及其他机具设备进行检查，确保机具配套，水电接通。在施工过程中，为保证施工连续进行，配备满足施工需要的发电机备用。钻孔一经开始必须连续进行，不得中断，并及时填写施工记录，严格交接班制度。

在钻孔过程中，采用泥浆稠度仪随时检查泥浆稠度，如不符合要求立即进行调整。在地层变化处捞取样渣，判明土层记入表中，以便核对地层地质剖面柱状图。

升降钻头要平稳，防止碰撞孔壁、护筒，勾挂护筒底部，拆装钻杆要迅速。

开钻要保证孔位准确并慢速推进，待导向部位进入土层后，方可全速钻进。

钻孔排碴、提钻除泥和停机时，必须保证孔内具有规定的水位和泥浆比重，防止塌孔。

钻机在钻孔过程中的移位或沉陷，必须立即停机，找出原因及时处理。

常见钻孔事故有坍孔、扩孔、掉钻落物。根据不同的地质情况，选用相适应的钻机，在操作过程中注意观察，做好预防和处理。

5. 钢筋笼制作及吊放

本工程支护桩有效长度最长为 19m，钢筋骨架在钢筋加工场地分段制作，用汽车运至现场后在孔口进行焊接接长。用汽车吊起吊钢筋骨架，第一段放入孔内用钢管或型钢临时搁置在护筒口，再起吊另一段，对正位置按规范要求焊接后逐段放入孔内至设计标高，最后将上面一段的挂环挂在孔口并临时与护筒口焊牢，垂直牢固定位，以免在灌注混凝土过程中发生浮笼现象。钢筋骨架在下放时应注意防止碰撞孔壁，如放入困难，应查明原因，不得强行插入。钢筋骨架安放后的顶面和底面标高应符合设计要求，其误差不得大于 ±5cm。箍筋焊接采用单面焊，焊缝长度须满足施工技术规范要求，并将接头错开 50cm 以上。钢筋笼入孔后 4h 内必须灌注混凝土。

6. 钢格构立柱制作安装

钻孔桩作为基坑支护结构立柱基础时，要预埋钢格构立柱。

本工程格构柱由 4L160×12Q345 角钢加 430mm×350mm×10mm 缀板焊接制作，缀板中心间距为 1000mm，钢格构立柱截面尺寸为 450mm×450mm。立柱桩桩径是 φ800，格构柱插入混凝土灌注桩中 2m。要求成桩后格构柱垂直误差≤1/150，格构柱定位误差≤20mm。

1）钢格构的制作

格构柱制作采用四根角钢和缀板连接，在现场加工平台上按照设计图纸要求制作。格构柱角钢、钢板均采用 Q345 钢材；格构柱接长采用单面坡口焊连接，且接头应相互错开，同一截面接头数量小于 50%；加工柱身弯曲矢高 ≤ $H/12$，且不大于 12mm；柱身扭曲 ≤ $h/250$（h 为截面较长边），且不大于 5mm；柱截面尺寸对角线误差不大于 ±4mm。

2）钢格构安装

采用吊车将格构柱整体吊放入孔，将吊点绑系在格构柱端部两对应缀板中心位置，并缓慢起吊；待吊至钢筋笼顶端时停止放下，使其处于静止自由悬吊状态，校对格构柱悬吊垂直度。垂直度满足要求后，缓慢深入钢筋笼内，采用"井"字形钢筋与钢筋笼加强箍筋焊接连接，焊接时应反复校正垂直度和中心吻合度；无加强箍筋部位采用就近增加拉筋的方法与钢筋笼主筋连接。将连接好的钢筋笼与格构柱整体缓慢吊装入孔，入孔过程中控制下放垂直度，并利用孔边定位点分段进行控制格构柱方位，格构柱垂直度偏差不大于 1/300，格构柱定位误差不大于 2cm。

7. 设置导管

导管用 $\phi 300$ 钢制专用导管，壁厚 5mm，节长 2.0～4.0m，专用接头连接、密封装置。使用前，对导管做水压和接头抗拉试验，试压水压为孔底静水压力的 1.5 倍。混凝土浇筑架用型钢制作，用于支撑悬吊导管，吊挂钢筋笼，上部放置混凝土漏斗。

8. 第二次清孔

在第一次清孔达到要求后，由于要安放钢筋笼及导管，至浇筑混凝土的时间间隙较长，孔底又会产生沉渣，所以待安放钢筋笼及导管就绪后，再利用导管使用换浆法进行第二次清孔。其方法为导管顶部临时安装压泥浆设施，用导管内泥浆搅起置换下部沉碴。清孔时间以排出泥浆的含砂率与换入泥浆的含砂率接近为宜。当孔深达到设计要求，孔底泥浆密度 ≤ 1.15，复测沉渣厚度在 10cm 以内时，完成清孔作业，并立即浇筑水下混凝土。

9. 水下混凝土浇灌

混凝土采用商品混凝土，设计混凝土强度等级 C40。根据水下浇灌混凝土的要求，混凝土坍落度宜控制在 180～220mm 之间。

水下混凝土的灌注采用导管法。导管接头为卡口式，直径 300mm，壁厚 5mm，分节长度 1～3m。导管使用前须进行水密、承压和接头抗拉试验。并检查其位置是否居中、轴线顺直，防止卡挂钢筋骨架和碰撞孔壁。灌注混凝土前将灌注机具如储料斗、储料钢支架、溜槽、漏斗等准备好。

混凝土采用混凝土泵车浇筑。混凝土灌注至接近桩顶时，提高漏斗高度，改用吊斗倾倒。

首批混凝土数量要经过计算，使其有一定的冲击能量，翻起孔底沉淀物，并能把导管下口埋入混凝土不小于 1m 深，但不大于 3m。灌注首批混凝土时，导管下口至孔底的距离控制在 25～40cm，堵导管混凝土隔水栓预先用 8 号钢丝悬吊在混凝土漏斗下口，当混凝土量达到首批混凝土数量后，剪断钢丝，混凝土即下沉至孔底，排开泥浆，埋住导管口，导管埋入混凝土的深度不小于 1m。灌注开始后，应连续进行，并尽可能缩短拆除导管的时间；灌注过程中指派专人经常用测深锤探测孔内外混凝土面位置，填写水下混凝土浇筑记录，及时调整导管埋深。

为便于排出导管内空气，后续混凝土通过溜槽慢慢地注入漏斗和导管，不得将混凝土整斗从上面倾入导管内，以免导管内形成高压气囊，挤出管节间的橡胶垫而使导管漏水。在浇筑将近结束时，在井孔内注入适量水使孔内泥浆稀释，排出孔外，保证泥浆全部排出。

灌注完毕后的混凝土面标高应高出设计桩顶标高 0.8～1.0m。桩身混凝土必须留有试件，每个浇筑台班不得少于 1 组，每组 3 件。

10. 混凝土养护

桩身混凝土进行自然养护，并要求用钢筋网片或铁板覆盖孔口，过 24h 后，填入黏土至地面。

10.4.2　高压旋喷桩施工

综合管廊交叉口处支护方桩外侧采用 φ500 桩长 14m 高压旋喷桩止水。高压旋喷桩采用横向咬合 200mm，纵向咬合 100mm。高压旋喷桩施工工艺流程如图 10-17 所示。

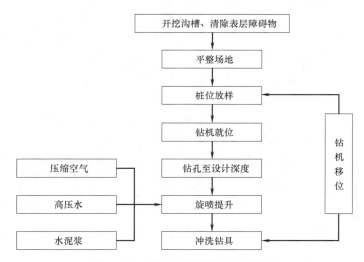

图 10-17　高压旋喷桩施工工艺流程

1. 施工准备

清理施工现场的地下、地面障碍物，场地平整度基本要求 ±100mm，对地下障碍物尽量清除，以免影响施工效率，场地平整标高比设计确定的桩头标高再高出不少于 1000mm。依据设计图纸编制施工方案，确定施工工艺，安排好打桩施工流水。

2. 参数确定

设计要求采用双重管高压旋喷桩，设计桩径 φ500，桩中心距 300mm，水泥采用 42.5 复合硅酸盐水泥，施工主要技术参数如下：空气压力 0.7MPa，注浆压力 25～30MPa，水灰比 0.8，提升速度 10～20cm/min，旋转速度 15～20r/min，止水桩水泥用量通过室内配方试验确定，不低于 210kg/m。

施工时根据设计要求，结合地层情况，会同设计、监理一起根据试桩情况选择合适的施工参数，确保成桩质量达到设计要求。

3. 操作要点

1）测量定位

由公司专业测量员承担测量定位工作，使用全站仪和水准仪，钢卷尺定位，桩位用钢筋标出，施工定位时要重新复测桩位，保证桩位误差不大于 50mm。

2）钻机就位

钻机就位机座平整、稳固，立轴与孔位对正，确保成孔质量、成孔深度。

3）施工前准备

检查高压设备和管路系统，其压力和流量必须满足设计要求，注浆管及喷嘴内不得有任何杂物，注浆接头密封完好。

4）水泥浆搅拌

水泥浆搅拌时水灰比按设计要求配制。在旋喷过程中防止水泥浆沉淀、离析，造成浓度降低。施工完毕后，立即拔出注浆管，彻底清洗注浆和注浆泵，泵内不得有残存水泥浆。

5）高压旋喷

旋喷注浆时要注意设备启动顺序，先空载启动空压机，待运转正常后再空载启动高压泵，同时向孔内送风和水，使风量和泵压逐渐升高至规定值，风、水畅通后，才开动注浆泵，待泵量泵压正常后开始注浆，待水泥浆流出喷头后，提升注浆管，自下而上喷射注浆。

深层旋喷时，先喷浆后旋转和提升，在桩端有坐喷时间，以保证桩端质量。喷射注浆中需拆除注浆管时，停止提升和回转，同时停止送浆，逐渐减少风量和水量，最后停机。拆卸完毕继续喷射注浆时喷射注浆的孔段与前段搭接，防止固结体脱节。

旋喷时要做好压力、流量和冒浆等各项参数的测量工作，并按要求逐项记录。如冒浆量大于注浆量 20％或完全不冒浆时，查明原因和采取相应措施后，再继续旋喷。

在旋喷过程中，注意喷嘴局部或全部被堵，否则要拔管清洗后重新进行旋喷。

6）补浆

喷射注浆作业完成后，由于浆液的析水作用，一般均有不同程度的收缩，使固结体顶部出现凹穴，要及时用水灰比为 1.0 的水泥浆补灌。

4. 施工要点

旋喷施工间隔 2～3 孔跳孔施工。

施工过程中对附近地面、地下管线的标高进行监测，当标高的变化值大于 ±10mm 时，暂停施工，根据实际情况调整压力参数后，再行施工。

制作浆液时，水灰比要按设计严格控制，不得随意改变。

在旋喷过程中，防止泥浆沉淀，浓度降低。不得使用受潮或过期的水泥。浆液搅拌完毕后送至吸浆桶时，有筛网进行过滤，过滤筛孔要小于喷嘴直径 1/2 为宜。

开始时，先送高压水，再送水泥浆和压缩空气，在一般情况下，压缩空气可晚送30s。在桩底部边旋转边喷射1min后，再进行边旋转、边提升、边喷射。

喷射时，先达到预定的喷射压力，喷浆量后再逐渐提升注浆管。中间发生故障时，停止提升和旋喷，以防桩柱中断，同时立即进行检查，排除故障；如发现有浆液喷射不足，影响桩体的设计直径时，进行复核。

旋喷过程中，冒浆量小于注浆量的20％为正常现象，若超过20％或完全不冒浆时，查明原因，调整旋喷参数或改变喷嘴直径。对需要扩大加固范围或提高强度的工程可采取复喷措施，即先喷一遍清水，再喷一遍或两遍水泥浆。

钻杆旋转和提升必须连续不中断，拆卸接长钻杆或继续旋喷时要保持钻杆有10～20cm的搭接长度，避免出现断桩。

在旋喷过程中，如因机械出现故障中断旋喷，重新钻至桩底设计标高后，重新旋喷。

喷到桩高后迅速拔出浆管，用清水冲洗管路，防止凝固堵塞。相邻两桩施工间隔时间不小于48h，间距不小于4～6m。

旋喷深度、直径、抗压强度和透水性符合设计要求。

质量检验：旋喷桩根据实际情况取 7d（0.7MPa）、28d（0.9MPa）、90d（1.2MPa）龄期通过钻心取样，检查工程的施工质量。

5. 施工质量保证措施

根据施工图纸对高压旋喷桩放样进行复核，以保证桩位准确。高压旋喷桩槽开挖要求侧壁施工面整齐，一般挖至自然地坪以下50cm左右，清除地下障碍物必须彻底。施工过程中，控制提升速度。前台操作与后台供浆密切配合，供浆必须连续，防止断浆和缺浆。由专人严格按级配配制水泥浆，确保水泥浆性能符合设计要求。

交叉口段基坑施工现场如图 10-18 所示。

图 10-18　交叉口段基坑施工现场

第 11 章 高性能混凝土应用技术

　　经过前述分析可知，连云港徐圩新区地下综合管廊所处工程场地具有一定的腐蚀性，因此建设单位展开了试验研究，以确保管廊混凝土结构的耐久性。主要研究内容为针对粉煤灰掺量分别为 0、10%、20%、30% 及 40% 的 C45 级与 C50 级的混凝土试件，进行 5 倍海水浓度的人造海水侵蚀下的干湿循环试验，依据设定的试验方案进行混凝土试件的超声波声时试验、抗压强度试验以及质量损失率试验，研究不同粉煤灰掺量的混凝土遭受海水侵蚀的腐蚀劣化规律，包括干湿循环后各试件的表观形貌变化情况和质量变化情况；各混凝土试件抗压强度、相对动弹性模量等关键力学性能指标随干湿循环次数以及海水侵蚀时间的变化规律。

11.1　海水环境下混凝土侵蚀机理

1. 海水中混凝土硫酸盐侵蚀机理

海水中存在大量硫酸镁、硫酸钙等硫酸盐类，当混凝土浸泡在海水中时，SO_4^{2-} 通过孔隙进入混凝土内部首先与 $Ca(OH)_2$ 发生反应生成硫酸钙，硫酸钙与铝相作用生成钙矾石。具体反应如下：

$$Ca(OH)_2 + SO_4^{2-} + 2H_2O \longrightarrow CaSO_4 \cdot 2H_2O + 2OH^-$$

$$3CaO \cdot Al_2O_3 + 3CaSO_4 \cdot 2H_2O + 26H_2O \longrightarrow 3CaO \cdot Al_2O_3 \cdot 3CaSO_4 \cdot 32H_2O$$

有研究表明，当侵蚀溶液 SO_4^{2-} 浓度在 1000mg/L 以下时，只有钙矾石生成；随 SO_4^{2-} 浓度的逐步提高，钙矾石和石膏两种晶体并存；当 SO_4^{2-} 浓度超过 1400mg/L 时，石膏结晶侵蚀才占据主导作用。浸泡在海水中的混凝土试件中同时存在有石膏和钙矾石两种晶体，这说明该硫酸盐侵蚀是以石膏型为主导，并与钙矾石共存型的膨胀性侵蚀。

2. 海水中混凝土镁盐侵蚀机理

海水中的镁盐主要为硫酸镁和氯化镁，它们除可与混凝土胶凝体系的水化产物发生硫酸盐和氯盐侵蚀，生成钙矾石、石膏、氯化钙以外，理论上还可生成氢氧化镁、M-S-H 硅胶（$3MgO \cdot 2SiO_2 \cdot 2H_2O$）和无定型的水化二氧化硅（$SiO_2 \cdot 2H_2O$），氢氧化镁与水化二氧化硅最终也形成了 M-S-H 硅胶。具体反应如下：

$$Mg^{2+} + SO_4^{2-} + Ca(OH)_2 + 2H_2O \longrightarrow Mg(OH)_2 + CaSO_4 \cdot 2H_2O$$

$$CaO \cdot SiO_2 \cdot yH_2O + Mg^{2+} + SO_4^{2-} + zH_2O \longrightarrow Mg(OH)_2 + CaSO_4 \cdot 2H_2O + SiO_2 \cdot 2H_2O$$

$$4CaO \cdot Al_2O_3 \cdot 13H_2O + 3Mg^{2+} + 3SO_4^{2-} + 2Ca(OH)_2 + 20H_2O \longrightarrow 3CaO \cdot Al_2O_3 \cdot 3CaSO_4 \cdot 32H_2O + 3Mg(OH)_2$$

$$3Mg(OH)_2 + 2SiO_2 \cdot 2H_2O \longrightarrow 3MgO \cdot 2SiO_2 \cdot 2H_2O + 3H_2O$$

由以上反应可知，海水中镁盐既可与混凝土胶凝体系中的 $Ca(OH)_2$ 和铝相产物反应，生成钙矾石和石膏晶体而发生硫酸盐侵蚀破坏，也可与胶凝体系中的 C-S-H 凝胶反应，引起 C-S-H 凝胶分解破坏。

3. 海水中混凝土氯盐侵蚀机理

海水中存在较多的氯化钠、氯化镁等氯盐，Cl^- 理论上可被混凝土胶凝浆体水化产物 C-S-H 凝胶吸附或者与 $Ca(OH)_2$ 和 C3A 发生如下反应生成 Friedel 盐。

$$3CaO \cdot Al_2O_3 + 2Cl^- + Ca(OH)_2 + 10H_2O \longrightarrow 3CaO \cdot Al_2O_3 \cdot CaCl_2 \cdot 10H_2O + 2OH^-$$

在 XRD 测试结果中未发现有 Friedel 盐存在，这说明海水中的 Cl^- 未能够与 C3A 发生反应。这可能是因为海水中含有的 SO_4^{2-} 先于 Cl^- 与 C3A 发生反应，生成了 AFt。文献研究也表明，在 SO_4^{2-} 和 Cl^- 同时存在时，C3A 首先与 SO_4^{2-} 反应生成 AFt，等 SO_4^{2-} 消耗

完毕后 C_3A 才与 Cl^- 反应生成 Friedel 盐，而等 Cl^- 消耗完毕后 C_3A 才可继续与 AFt 反应生成 AFm。但是，海水中存在的大量 Cl^- 可能会与混凝土中的 CH 反应生成 $CaCl_2$，而 $CaCl_2$ 在海水的冲刷下易被溶出，使得混凝土孔隙率增大，进而可能促进镁盐和硫酸盐对混凝土的侵蚀破坏。这说明该海水中 Cl^- 对混凝土的侵蚀破坏主要为溶出性破坏。

11.2　原材料及试验方法

11.2.1　混凝土的组成材料

水泥采用 42.5 级普通硅酸盐水泥，其性能指标见表 11-1。

水泥的性能指标 表 11-1

烧失量（%）	SO₃含量（%）	MgO含量（%）	Cl⁻含量（%）	初凝时间（min）	终凝时间（min）	安定性	抗折强度（MPa）		抗压强度（MPa）	
							3d	28d	3d	28d
3.66	2.52	4.95	0.045	187	249	合格	5.4	9.7	25.2	48.1

粉煤灰采用Ⅰ级灰，其技术指标见表 11-2。

粉煤灰的物理性能指标 表 11-2

指标	细度(45μm方孔筛余量)(%)	烧失量(%)	需水量比(%)	SO₃含量(%)
Ⅰ级	10	3	92	1.6

天然粗骨料采用连云港马涧山石子，粒径为 5～20mm，连续级配，吸水率为 0.65%，含泥量为 0.09%，表观密度为 2680kg/m³，压碎指标为 3.7%。

砂为山东郯城Ⅱ区中砂，细度模数 2.7，表观密度为 2720kg/m³，堆积密度为 1510kg/m³，含泥量 0.18%。

11.2.2　混凝土配合比设计

本项目根据《普通混凝土配合比设计规程》JGJ 55—2011 进行本试验中混凝土的配合比设计。混凝土配合比见表 11-3。

11.2.3　混凝土试件制作、养护

按表 11-3 的配合比称取各材料用量后，将砂、天然碎石、水泥、掺合料依次放入 HJW-30/60 型单卧轴强制式混凝土搅拌机中干拌 1min，再将水徐徐加入搅拌均匀的干料

之中，加完水后再继续搅拌 3min。对完成浇筑的试块连同试模一同放在混凝土振动台上振捣密实后，在室内静止 24h 后拆模，并将拆模后的试件放入标准养护箱（温度为 20±3℃，湿度为 95％以上）进行标准养护至 56d 龄期。本文共设计了 C45 及 C50 各 5 个类别（粉煤灰掺量分别为 0％、10％、20％、30％和 40％）的混凝土试件。每个组别均依据《普通混凝土力学性能试验方法标准》GB/T 50081—2002 的要求，进行立方体试件的浇筑成型及 56d 龄期时的抗压强度试验。混凝土 56d 龄期时的抗压强度试验结果见表 11-3 所示。

混凝土配合比   表 11-3

编号	强度等级	粉煤灰掺量（%）	粉煤灰影响系数	每立方混凝土材料用量（kg）						56d 抗压强度（MPa）
				水泥	粉煤灰	砂	天然粗骨料	水	聚羧酸高性能减水剂	
C45FA0	C45	0	1	424	0	567	1174	185	4.24	61.3
C45FA10	C45	10	0.95	400	44	550	1170	185	4.44	62.9
C45FA20	C45	20	0.85	394	98	514	1158	185	4.92	65.0
C45FA30	C45	30	0.75	387	166	476	1136	185	5.53	66.7
C45FA40	C45	40	0.65	379	253	433	1099	185	6.32	69.3
C50FA0	C50	0	1	472	0	529	1164	185	4.72	70.3
C50FA10	C50	10	0.95	446	50	513	1157	185	4.95	71.3
C50FA20	C50	20	0.85	439	110	478	1137	185	5.49	74.4
C50FA30	C50	30	0.75	432	185	441	1107	185	6.18	77.3
C50FA40	C50	40	0.65	424	283	399	1059	185	7.07	79.9

注：编号 C45FA0 表示混凝土的强度等级为 C45，粉煤灰掺量为 0。其他编号类似。

11.2.4 试验设备与方法

本文的混凝土抗压强度试验及海水侵蚀的浸—烘的干湿循环试验均在连云港职业技术学院建工实训中心及建筑材料实验室完成。

本项目对 120 组 360 块 100mm×100mm×100mm 立方体试件进行人造海水侵蚀试验。本试验采用浸—烘循环的加速试验方法来模拟研究海水对混凝土的侵蚀性破坏，具体浸—烘干湿循环制度如下：

（1）试件养护到 56d 龄期后，将试件从标准养护箱中取出，擦干表面水分，放入烘箱中，在 80℃±5℃温度下烘 15h，烘干结束后再将试件放置于干燥环境中冷却到室温。

（2）将试件放入容器中，试件之间应保持 20mm 的间距，试件与容器侧壁的间距不小于 20mm。

（3）将 5 倍海水浓度的侵蚀液注入容器中，当侵蚀液液面至试件高度一半时即可停止注入。试件在 5 倍海水浓度的侵蚀液中的浸泡时间设定为 15h。

（4）试件满足试验设定的浸泡时间后，将试件从侵蚀液中取出，将试件表面擦干。

（5）将试件立即移入烘箱之中，并将烘箱中的温度升到 80℃（升温过程应该在 30min 内完成）。温度升到 80℃后应将温度维持在（80±5）℃。试件烘干时间设为 7h。

（6）烘干过程结束后，立即对试件进行冷却，在 2h 内将试件冷却到室温。

（7）每个干湿循环的总时间为 24h。然后再次放入侵蚀液对试件进行浸泡，并按照上述（2）～（6）的步骤进行下一个循环。同时，每间隔 30 个干湿循环进行一次侵蚀液 pH 值的检测，并使 pH 值保持在 6～8 之间。

（8）每 10 次干湿循环后测定各配合比试件的超声波声时值及抗压强度值。各配合比的试件均选定一组，记录该组试件初始烘干质量及每 10 次干湿循环后的试件烘干质量，同时记录每 10 次干湿循环后的试件的外观形貌。各配合比的混凝土试件均经历 100 次干湿循环试验。

为了加速混凝土试件在海水中的腐蚀，本实验采用人工配制的海水作为侵蚀溶液，即模拟天然海水中的化学成分，配制 5 倍天然海水浓度的侵蚀液，称为人造海水。人造海水溶液中各种盐的含量见表 11-4。

人造海水的成分　　　　　　　　　　　　　　　　　　　　表 11-4

盐的种类	天然海水中盐含量(g/L)	5 倍人造海水中盐含量(g/L)
NaCl	21.00	105.00
$MgCl_2$	2.54	12.70
$MgSO_4 \cdot 7H_2O$	1.54	7.70
$CaSO_4 \cdot 2H_2O$	2.43	12.15
$CaCO_3$	0.10	0.50

在配制人造海水时，先在蒸馏水中加入 NaCl 及 $CaSO_4 \cdot 2H_2O$ 放置一夜，当两者完全溶解后再加入 $MgCl_2$ 和 $MgSO_4 \cdot 7H_2O$，等到盐完全溶解并混合均匀后即可使用。另外，在浸—烘循环的过程中，人造海水的浓度会逐渐变化，因此，每隔 1 个月更换一次人造海水。

11.2.5　试验参数测试与计算

1. 混凝土立方体抗压强度

立方体抗压强度试验设备采用 WAW-1000G 电液伺服万能试验机。按照《普通混凝土力学性能试验方法标准》GB/T 50081—2002 对混凝土抗压强度的规定，进行试验操作。混凝土立方体抗压强度按式 11-1 计算：

$$f_{cu} = \frac{P}{A} \tag{11-1}$$

式中　f_{cu}——混凝土立方体抗压强度（MPa）；

　　　P——破坏荷载（N）；

　　　A——试件承压面积（mm^2）。

2. 混凝土质量损失率

混凝土试件在腐蚀环境作用下，一般会引起其一定程度的质量变化，为了较准确地获得混凝土试件的质量变化，使用高精度的 JJ1000 型电子天平（精确到 0.01g）对干湿循环作用前后的混凝土试件进行质量测试。干湿循环作用后混凝土试件的质量损失率可按公式 11-2 进行计算：

$$\Delta W_n = \frac{G_0 - G_n}{G_n} \tag{11-2}$$

式中　ΔW_n——经历 n 次干湿交替循环作用后，混凝土试件的质量损失率（%）；

　　　　G_0——干湿交替循环作用前混凝土试件的质量（kg）；

　　　　G_n——经历 n 次干湿交替循环作用后，混凝土试件的质量（kg）。

基于干湿交替循环作用前与作用后各个混凝土试件的质量测试数据，依据式 11-2 可实现各组试件质量损失率的评定。

3. 混凝土的相对动弹性模量

对于混凝土材料，裂纹扩展或界面强度衰减都会直接导致混凝土动弹性模量下降，动弹性模量变化可以反映混凝土材料的内部损伤程度。本项目通过采用超声波检测分析仪定期测定混凝土试件在不同腐蚀时间的声时，换算成相对动弹性模量来表征腐蚀龄期内混凝土的损伤失效过程。本项目采用北京智博联科技有限公司生产的 ZBL-U520/510 型非金属超声检测仪测定超声波声时。

混凝土的相对动弹性模量按公式 11-3 计算：

$$E_r = \frac{E_n}{E_0} = \frac{v_n^2}{v_0^2} = \frac{t_0^2}{t_n^2} \times 100\% \tag{11-3}$$

式中　　　E_r——试件的相对动弹性模量（%）；

E_0、v_0、t_0——分别为混凝土试件损伤前的初始动弹性模量（MPa）、初始声速（km/s）和初始声时（μs）；

E_n、v_n、t_n——分别为混凝土试件损伤后的动弹性模量（MPa）、声速（km/s）和声时（μs）。

11.3　试验结果分析

11.3.1　海水侵蚀下混凝土表观形貌变化规律

通过对粉煤灰掺量分别为 0%、10%、20%、30% 和 40% 的 C45 及 C50 混凝土试件经过每 10 次干湿循环后的表面剥落情况分析可知：

1) 随着干湿循环次数的增加，混凝土试件表观形貌依次出现如下变化：

(1) 试样表面均较为完整，破坏程度很小；

(2) 试件表面水泥浆逐渐脱落，出现少许坑蚀；

(3) 试件表面坑蚀程度较大，混凝土表面变得不平整，细骨料外露；

(4) 试件表面孔洞密集，细骨料逐渐脱落，粗骨料暴露出来，表面酥松；

(5) 试件出现缺棱掉角现象。

2) 经过 30 次干湿循环后，混凝土试件表面均较为完整，仅 C45FA0 试件表面出现水泥浆剥落现象；经过 60 次干湿循环后，各编号试件表面均有严重的水泥浆剥落；经过 80 次干湿循环后，各编号试件均出现不同程度的缺棱掉角现象，其中 C45FA0 破坏严重；经过 100 次干湿循环后，各编号试件表面酥松，出现粗骨料外露现象。

3) 由干湿循环后混凝土表观形貌的变化分析可知，C50 级混凝土的抗海水侵蚀能力比 C45 级混凝土强；同强度等级的混凝土，掺入粉煤灰的试件比未掺粉煤灰的试件抗海水侵蚀能力强；掺入粉煤灰的试件，基本上是随着粉灰掺量的增加其抗海水侵蚀能力亦越强。试件表观形貌的变化与各配合比的混凝土 56d 的强度相关性较大。

11.3.2　海水侵蚀下混凝土抗压强度变化规律

图 11-1 (a) 与 (b) 表示未经腐蚀及经过每 10 次干湿循环后已腐蚀的混凝土抗压强度随腐蚀时间的变化规律。

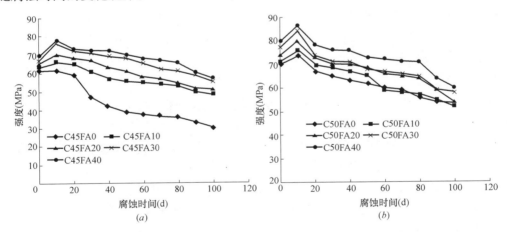

图 11-1　混凝土抗压强度随腐蚀时间的变化曲线

(a) C45 混凝土；(b) C50 混凝土

对图 11-1 (a) 与 (b) 分析可知：

(1) C45 与 C50 级混凝土抗压强度均随腐蚀时间的增大先增大后减小。在腐蚀初期 10d 或 20d 时，混凝土抗压强度增大，此后呈持续下降趋势。主要原因是混凝土在遭受海水侵蚀的过程中，海水中的 SO_4^{2-} 与水泥石中的氢氧化钙、水化铝酸钙反应生成钙矾石，固相体积增大 94%，在早期可以填充混凝土的毛细孔，增加混凝土的密实度，故混凝土在早期阶段抗压强度会有比较明显的提升。而在后期，持续生成的钙矾石在混凝土内部形成极大的膨胀应力，加速了混凝土中裂缝的形成与扩展，再加上氯离子的扩散溶出性侵蚀，从而造成混凝土的分层与剥落，这种现象从图 11-1（a）中也可以看出。因此在腐蚀后期混凝土的强度急剧下降。如果硫酸盐浓度较高时，在混凝土内部则不仅生成钙矾石，而且还会有石膏结晶析出，石膏的生成使固相体积增大 124%，也会在海水侵蚀的早期填充混凝土的毛细孔，在后期引起混凝土膨胀剥落，这样就导致混凝土的强度在早期增大后期降低的现象。

（2）比较图 11-1（a）与（b），可以发现 C50 比 C45 级混凝土抗压强度下降的趋势更趋平缓一些，这说明 C50 比 C45 级混凝土抗海水侵蚀的能力更强，原因是强度高的混凝土内部更加密实，从而具有更高的抵抗海水侵蚀的能力。C45FA40 在 100d 腐蚀龄期时的强度损失率为 39.4%，而 C50FA40 在 100d 腐蚀龄期时的强度损失率为 37.9%。C45FA40 在 80d 腐蚀龄期时的强度损失率为 19.6%，而 C50FA40 在 80d 腐蚀龄期时的强度损失率为 18.1%。

（3）从图 11-1（a）与（b）中比较各配合比的混凝土的强度变化情况，可以发现 C45FA40 与 C50FA40 的混凝土在同强度等级的混凝土中，在各腐蚀龄期时强度均最高，这说明粉煤灰掺量为 40% 时，混凝土抵抗海水侵蚀的能力最好。原因是粉煤灰的掺入稀释了水泥中 C3A 含量，同时粉煤灰的火山灰效应消耗 $Ca(OH)_2$，从而能生成更多的水化硅酸钙改善混凝土的孔结构。也就是说粉煤灰的火山灰效应和微集料效应共同作用使得混凝土孔隙细化，孔隙率降低，界面区结构更加致密，从而提高了混凝土抵抗海水侵蚀的性能。

（4）C45 与 C50 级混凝土中，同腐蚀龄期时强度由高到低的粉煤灰掺量分别为 40%、30%、20%、10% 与 0%，这表明随着粉煤灰掺量的增加，C45 与 C50 级混凝土抵抗海水侵蚀的能力亦增强。

11.3.3　海水侵蚀环境下混凝土相对动弹性模量变化规律

图 11-2 表示未经腐蚀及经过每 10 次干湿循环后已腐蚀的混凝土相对动弹性模量随粉煤灰掺量的变化规律，对其分析可知：

（1）从图 11-2（a）与（b）可以看到，混凝土相对动弹性模量 E_r 随腐蚀时间的变化规律表现为：上升段（腐蚀龄期 10～20d 时）、快速下降段（腐蚀龄期 20～70d 时）、水平段（腐蚀龄期 70～90d 时）及缓慢下降段（腐蚀龄期 90～100d 时）。混凝土试件的相对动弹性模量-循环次数曲线在第 1 阶段相对动弹性模量表现为上升段主要是由于 SO_4^{2-} 扩散到混凝土近表面区，在孔隙和界面区生成钙矾石，填充了混凝土的毛细孔，使混凝土内部结构变得致密。在曲线的第 2 阶段表现出快速下降，主要原因是海水中 Cl^- 侵蚀导致的初始损伤。曲线第 3 阶段的变化表现为水平段的主要原因在于：随着腐蚀的不断进行，SO_4^{2-} 也不断向混凝土内部扩散，此时产生的腐蚀产物和水化产物使混凝土内部结构变得密实；同时，在混凝土近表面区生成的钙矾石结晶长大，体积膨胀，一旦其膨胀应力超过混凝土的抗拉强度，将在该区域形成许多微裂纹；上述两者产生的一增一减作用刚好相互抵消，

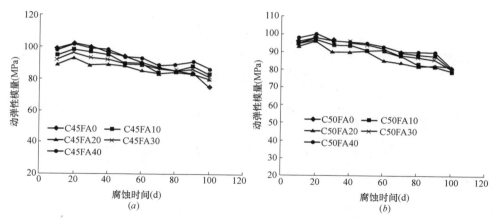

图 11-2　混凝土相对动弹性模量随腐蚀时间变化曲线

(*a*) C45 混凝土；(*b*) C50 混凝土

导致混凝土试件的相对动弹性模量处于水平段。曲线第 4 阶段的变化表现为逐渐下降段的主要原因在于：随着腐蚀继续进行，钙矾石大量生成，体积不断膨胀，导致微裂纹开始相互连通，裂纹在宽度与数量上大幅度增加，因而其相对动弹性模量表现为逐渐变小。

（2）比较图 11-2（*a*）与（*b*），可以发现 C50 比 C45 级混凝土相对动弹性模量下降的趋势更趋平缓一些，这说明 C50 比 C45 级混凝土抗海水侵蚀的能力更强，原因是强度高的混凝土内部更加密实，从而具有更高的抵抗海水侵蚀的能力。

（3）从图 11-2（*a*）与（*b*）中比较各配合比的混凝土的相对动弹性模量变化情况，可以发现 C45FA40 与 C50FA40 的混凝土在同强度等级的混凝土中，在各腐蚀龄期时相对动弹性模量均最高，这说明粉煤灰掺量为 40％时，混凝土抵抗海水侵蚀的能力最好。

（4）由于从图 11-2（*a*）与（*b*）中不能明显看出 C45 级与 C50 级混凝土的粉煤灰掺量与相对动弹性模量之间的关系。但仍可看出当粉煤灰掺量为 30％与 40％时，C45 与 C50 级混凝土的相对动弹性模量随粉煤灰掺量的增加而增大；当粉煤灰掺量为 0、10％与 20％时，C45 与 C50 级混凝土的相对动弹性模量随粉煤灰掺量的变化规律并不明显。

11.3.4　海水侵蚀环境下混凝土质量损失率变化规律

图 11-3（*a*）与（*b*）为不同粉煤灰掺量的混凝土试样的质量损失率随腐蚀时间的变化曲线，对其进行分析可知：

（1）C45 与 C50 级混凝土质量损失率均随腐蚀时间的增大先减小后增大。在腐蚀初期 50d 内，混凝土质量损失率减小，此后呈持续上升趋势。主要原因是混凝土在遭受海水侵蚀的过程中，海水中的 SO_4^{2-} 与水泥石中的氢氧化钙、水化铝酸钙反应生成钙矾石，固相体积增大 94％，在早期可以填充混凝土的毛细孔，增加混凝土的质量，故混凝土在早期阶段质量会有比较明显的提升。而在后期，持续生成的钙矾石在混凝土内部形成极大的膨胀应力，加速了混凝土中裂缝的形成与扩展，从而造成混凝土的分层与剥落。因此在腐蚀后期混凝土的质量急剧下降。如果硫酸盐浓度较高时，在混凝土内部则不仅生成钙矾石，

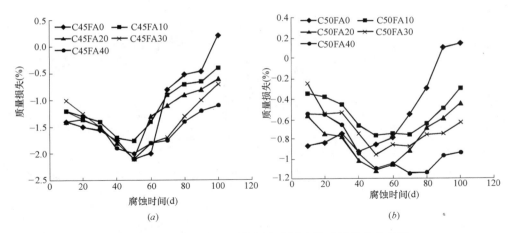

图 11-3　粉煤灰混凝土质量损失率随腐蚀时间的变化曲线

(a) C45 混凝土；(b) C50 混凝土

而且还会有石膏结晶析出，石膏的生成使固相体积增大 124％，也会在海水侵蚀的早期填充混凝土的毛细孔，在后期引起混凝土膨胀剥落，这样就导致混凝土的质量在早期增大后期降低的现象。

（2）比较图 11-3（a）与图（b），可以发现 C50 比 C45 级混凝土质量下降的趋势更趋平缓一些，这说明 C50 比 C45 级混凝土抗海水侵蚀的能力更强，原因是强度高的混凝土内部更加密实，从而具有更高的抵抗海水侵蚀的能力。C45FA40 在 10d 与 100d 腐蚀龄期时质量损失率分别为−1.219％与−1.039％，而 C50FA40 在 10d 与 100d 腐蚀龄期时质量损失率分别为−0.529％与−0.906％，也就是说在整个腐蚀期内，C50FA40 的质量变动不大。

（3）从图 11-3（a）与图（b）中比较各配合比的混凝土的质量损失率的变化情况，可以发现 C45FA40 与 C50FA40 的混凝土在同强度等级的混凝土中，在各腐蚀龄期时质量损失率降低的最小，这说明粉煤灰掺量为 40％时，混凝土抵抗海水侵蚀的能力最好。

（4）C45 与 C50 级混凝土中，同龄期时质量损失率由高到低的粉煤灰掺量分别为 0％、10％、20％、30％与 40％，这表明随着粉煤灰掺量的增加，C45 与 C50 级混凝土抵抗海水侵蚀的能力亦增强。

11.4　现场应用效果

经过试验研究，表明粉煤灰的掺入能够提高混凝土的抗侵蚀能力，因此在连云港徐圩新区地下综合管廊中采用了这种方法，粉煤灰掺量取 30％。

在混凝土施工过程中，对管廊的底板、顶板、壁板等部位混凝土进行了第三方检测，检测内容有抗压强度、抗渗等级等。其中抗渗等级均为 P8，抗压强度均在 45MPa 以上，符合技术要求。

第12章 管廊回填料应用技术

在连云港徐圩新区地下综合管廊工程中，基坑开挖产生了大量海相软土，其工程性质较差，直接用于沟槽回填难以达到工程要求，因此提出利用工业碱渣来改良软土，然后用于管廊的回填。另外，连云港碱厂为国内三大碱厂之一，生产过程中产生了大量的碱渣，目前采取的措施为就地堆放，占用了大量的土地。因此，此举不仅解决了徐圩新区地下综合管廊的回填问题，且实现了废弃物资源化利用，缓解了连云港工业碱渣带来的环境问题。

为了对比分析，本章设计了碱渣、碱渣＋粉煤灰、石灰、水泥共四种掺合料，对海相淤泥进行改良，研究其工程性质。

12.1 工业碱渣介绍

12.1.1 工业碱渣的利用情况

碱渣作为制碱的副产品,其排放量大,堆放难等问题一直困扰着制碱企业,制碱过程中每 1t 纯碱约产生 $10m^3$ 废弃液体,其中含碱渣约 $0.3\sim0.6t$。2016 年我国纯碱产量为 2588.3 万 t,同比增长 2.6%,其碱渣产量为 776.49 万~1552.98 万 t。如此巨量的废弃物,如果直接堆放势必占用大量土地,如果直接排入河海势必造成环境的污染。因此如何资源化利用碱渣,得到了诸多学者的关心。

目前工业碱渣在工程建设中主要用于以下几个方面:

(1)在水泥制品中的应用,如水泥砂浆、水泥混凝土、沥青混凝土等。但是由于碱渣中含有一定量的 $CaCl_2$、$NaCl$,其中 Cl^- 对钢筋具有腐蚀作用,已有工程事故发生,因此,碱渣在水泥制品中的应用宜慎重,主要是须控制碱渣的用量。

(2)在制砖中的应用,一般与粉煤灰、石粉、石渣、水泥等混合后制砖,由于碱渣类似与粉土,其结构松散,黏聚性差,因此在制砖一般都加入胶粘剂来提高其整体性,其制造工艺较为复杂,但是如果生产成本适宜,制砖不失为碱渣工程应用的一种途径。

(3)在固化剂制作中的应用,将碱渣与粉煤灰、硅酸钠溶液、水玻璃等混合制成固化剂,用于注浆加固地基或改良土体性质。但是其制作工艺烦琐,这也是限制其使用的原因之一。

(4)在回填工程中的应用,将碱渣直接用于盐腔回填,或者与粉煤灰、元明粉等混合用于路基填垫。在回填工程中,主要是稳定性问题,碱渣失水后易粉化,遇水后强度迅速减小,因此在填筑工程中使用时,需注意控制含水量的变化范围以确保碱渣土的稳定性。

12.1.2 碱渣的工程性质

碱渣的主要成分为 $CaCO_3$、$MgCO_3$、$CaCl_2$、$NaCl$、Na_2SO_4、$CaSO_4$ 等,其中 $CaCO_3$、$MgCO_3$ 的含量占 60% 以上。从颗粒组成来看碱渣是一种级配不良的粉粒物质,其粒径主要分布在 $0.01\sim0.075mm$。天然状态下的碱渣液限在 95% 左右,塑限在 45% 左右,可以看出碱渣是一种亲水物质。在 $100\sim200kPa$ 压力,碱渣的压缩模量在 5MPa 左右,压缩性较大。

SEM 分析显示,碱渣中空隙极其发育,空隙的变现形式有粒间孔隙、聚集体间孔隙及集合体间孔隙,矿物颗粒之间的联结较为松散,这也是碱渣孔隙大含水量高的根本原因。

在高温作用下,碱渣的性质将有所改变,随着温度的增大,碱渣团聚体的松散程度有所降低，使其致密度得到提高。温度升高的同时碱渣的孔隙也随之增大，但孔隙数量有所减少。在温度达 600℃时，碱渣颗粒表面将发生明显的熔融现象，颗粒之间的联结更为紧密。

总体而言，碱渣的具有孔隙大、含水率高、液塑限高、亲水性高、压缩性大以及在高温条件其力学性质有所提高等特征。

12.2　碱渣淤泥混合料试验布置

12.2.1　原材料

目前连云港碱渣采用了直接堆放的措施，占地面积约 $10.1km^2$，浪费了大量的土地面积。图 12-1 为碱渣池俯瞰现状，其中一处碱渣池已废弃，目前仍在正常生产及排放。图 12-2 为现场图片，碱渣生产废弃液体先排放到图示池中，然后自然沉积。

图 12-1　碱渣池现状

图 12-2　碱渣池现场图片

图 12-3 为取样现场图片，现场为排放不久的碱渣，状态成流塑状，取样后需先进行晾晒。图 12-4 为晾晒后的碱渣。

图 12-3　取样现场

图 12-4　晾晒后的碱渣

图 12-5、图 12-6 为海相软土取样现场及晾晒后的海相软土。

图 12-5　软土取样现场　　　　　　　　　图 12-6　晾晒后的海相软土

12.2.2　试样制作

将海相软土取回实验室风干（风干含水率为 3.73%）粉碎，过 0.5mm 筛备用，如图 12-7 所示，为过筛后海相软土。初步试验为加入碱渣对其进行固化试验，碱渣掺量为 6%、12%、18%、24%、30%、36%，固化材料百分含量为固化剂与淤泥干土质量百分比。

碱渣制备过程与淤泥类似，经自然风干后粉碎，再经过 0.25mm 筛。如图 12-8 所示，为过筛后的碱渣。

图 12-7　过筛后的海相软土　　　　　　　图 12-8　过筛后碱渣

在混合固化材料和风干淤泥材料时，根据风干含水率计算所需水量加入混合土样使含水率为 40%。试验的制备方法是将过筛土与固化材料人工混合均匀，配置含水率为 40% 的混合样，人工搅拌均匀后，采用静压法分 3 层装入内径 3.91cm、高 8.0cm 的钢制模具内。如图 12-9 所示，为碱渣海相软土试样。试样装入模具后放入 20±1℃、湿度＞95% 的养护箱中养护，1d 后脱模，继续养护至相应龄期进行无侧限抗压强度试验，每组 3 个试样，结果取其平均值。

12.3　试验结果分析

12.3.1　淤泥掺碱渣试验结果

1. 破坏特征

图 12-9 为试样加载过程及破坏图片。可以看出在加载中期时试样表明有纵向裂缝开展，随着加载的继续，这些纵向裂缝开始逐渐贯通，随后试样发生破坏。试样破坏后，一般均有一条贯穿的裂缝，且该裂缝具有一定的倾角，即为一条斜裂缝。

图 12-9　加载过程

试验中发现，当碱渣的掺料较低时，贯穿的斜裂缝未错开，即加载过程表现出一定的黏滞性，而当碱渣含量增高后，这种黏滞性降低，斜裂缝完全错开。

2. 无侧限抗压强度

图 12-10 为混合料无侧限抗压强度与龄期的关系，可以看出随着碱渣掺量的提高，混合料的强度随之提高，但是当碱渣掺量达 12％之后，混合料的强度提高速度变缓，说明碱渣的掺量达 12％后继续增加，不能明显提高混合料的强度。

图 12-11 为 18％碱渣含量的试样抗压强度与龄期的关系，可以看出龄期从 0～28d 时，

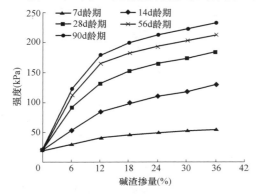

图 12-10　不同龄期碱渣掺量与强度的关系曲线

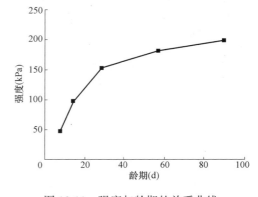

图 12-11　强度与龄期的关系曲线

试样抗压强度的提高速度较快，28～90d 龄期时，试样抗压强度的提高速度较慢。

3. 碱渣掺量对最大干密度的影响

图 12-12 为不同碱渣掺量条件下最大干密度与最优含水率的关系曲线。可以看出随着碱渣掺量的提高，混合料的最大干密度逐渐减小。从最优含水率来看，随着碱渣含量的提高最优水率逐渐增大。这是由于碱渣与海相软土相比，密度较小且具有较强的吸水性。

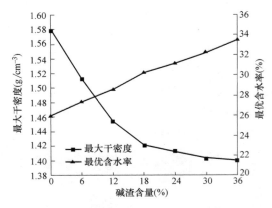

图 12-12　碱渣掺量与最大干密度和
最优含水量的关系

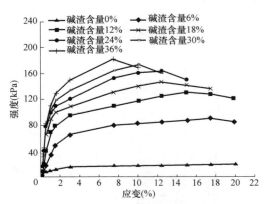

图 12-13　不同碱渣掺量应力应变关系（28d 龄期）

4. 压缩性试验结果分析

图 12-13 为压缩过程中的应力应变关系，试样破坏时均有较大的应变，可以看出碱渣混合料具有一定的黏滞性，特别是碱渣含量较低时，试样在达 20%应变时仍未见读数明显变小。

图 12-14 为碱渣掺量与试样破坏应变的关系，可以看出随着碱渣掺量的提高，其破坏应变随着减小。碱渣含量为 18%时，破坏应变在 12%左右，碱渣含量为 36%时，破坏应变在 8%左右。

图 12-15 为碱渣掺量与压缩模量的关系，海相软土的压缩模量为 1.8MPa 左右，在掺入碱渣后，其压缩模量得到了明显提高，在碱渣掺入 36%时，其压缩模量达到了 18.2MPa，已经达到了一般黏土的水平。说明碱渣的掺入有效了改善了海相软土的压缩性

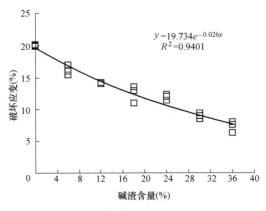

图 12-14　碱渣掺量与破坏应变的关系

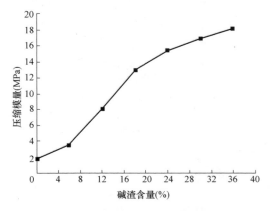

图 12-15　碱渣掺量与压缩模量的关系

能。另外，与无侧限抗压强度的发展规律一致，在碱渣掺入量达 12％之后，压缩模量的提高速度有所减缓。

填料的施工质量对最终的效果影响较大，在实际施工过程中有诸多因素能够对填料的使用效果产生影响。因此本次试验还进行了压实度的影响分析，分别配置了压实度为 80％、85％、90％、95％等 4 种试样，每种试样配置 6 个样品，共计 24 个。然后进行无侧限抗压强度试验。在样品配置过程中，由于受到环境人为操作等因素的影响，最终试样压实度的测试结果并不能精确的保证，但是通过测试，其压实度均在设定值的附近，对最终研究结果无影响。测试结果如图 12-16 所示。

从试验结果中可以看出，压实度对碱渣混合料强度的影响较大，压实度在 80％附近时，其强度在 100kPa 左右，而压实度达 95％时，其压实度在 160kPa 左右。因此，在实际应用过程中宜严格控制压实度指标。

5. 软化系数试验结果

地下水位的升降对填料的使用效果存在一定的影响，因此本次试验还分析了浸水对试样强度的影响，主要以 28 d 龄期为例。试验过程中在规定龄期前两天取出两个样品浸水 48h，两天后从养护箱中取出 2 个样品同浸水 48h 的 2 个样品一同测定抗压强度，并计算水泥土的软化系数，试验结果如图 12-17 所示。可以看出，碱渣掺量越大，其软化系数越大，说明碱渣能够改善填料的水稳性。从不同临期试样来看，临期越大，其软化系数越小，这是因为临期越大，试样的抗压强度越大，且试样强度基本稳定，浸水后试样强度迅速降低所致。而临期较短的试样，其强度本身较低，自身强度并未完全形成，在浸水后，其强度降低并不明显。

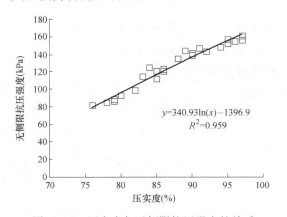

图 12-16　压实度与无侧限抗压强度的关系

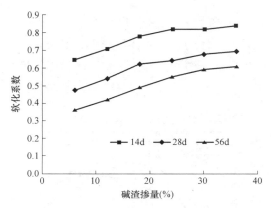

图 12-17　软化系数与碱渣掺量的关系曲线

12.3.2　淤泥掺碱渣粉煤灰试验结果

通过碱渣海相软土混合料的试验研究，得出当碱渣含量达 12％之后，混合料的性质提高速度变缓。碱渣含量为 12％时的 28d 无侧限抗压强度为 131.5kPa，压缩模量为 8.04MPa，达到一般性黏土的性质指标。因此，考虑在掺入碱渣的基础上掺入粉煤灰来提高混合料的工程性质。本次试验方案为：碱渣掺量 12％保持不变，粉煤灰掺量分别为 3％、6％、9％、12％、15％、18％。

图 12-18 为不同临期条件下混合料的无侧限抗压强度，可以看出在碱渣海相软土混合料中掺入碱渣后，混合料的无侧限抗压强度得到了明显提高，以 28d 龄期为例，随着粉煤灰掺量的提高，其强度由 131.5kPa，提高至 367.4kPa。另外，碱渣掺量达 9％之后，混合料强度的提高速度变缓。

图 12-19 为不同粉煤灰掺量条件下混合料的最大干密度和最优含水量的关系，可以看出随着粉煤灰掺量的提高，其最大干密度逐渐降低，最优含水率逐渐增大。这与碱渣海相软土混合料的试验结果类似。

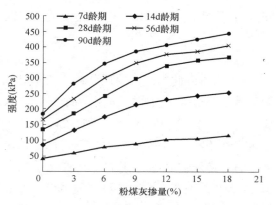

图 12-18 粉煤灰掺量与强度的关系曲线

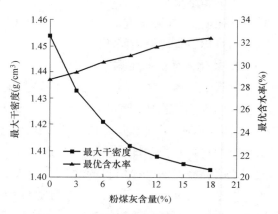

图 12-19 粉煤灰掺量与最大干密度和最优含水率的关系曲线

图 12-20 为不同粉煤灰掺量条件下试样压缩时的应力应变关系，对应龄期为 28 d，可以看出试样的粉煤灰掺量越大，其破坏应变越小。总体来看，试样应变达 5％左右时开始产生破坏。图 12-21 为计算所得的压缩模量，压缩模量由 8.04MPa 提高至 28.1MPa。从压缩模量来看，混合料已经达到了较好黏土的性质指标。

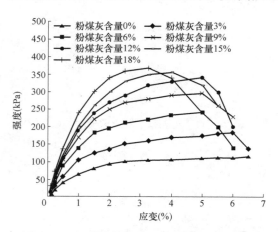

图 12-20 不同粉煤灰掺量应力应变关系曲线

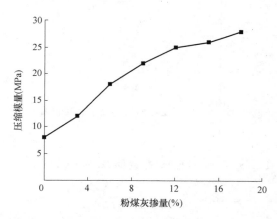

图 12-21 不同粉煤灰掺量与压缩模量的关系曲线

12.3.3　淤泥掺石灰试验结果

为了对比分析碱渣混合料的适用性，进行了海相软土掺石灰的实验研究，石灰掺量分别为 3%、6%、9%、12%。图 12-22 为无侧先抗压强度的测试结果，可以看出随着石灰掺量的提高，其无侧限抗压强度随之提高。

图 12-23 为试样压缩时的应力应变关系，对应龄期为 28d，试样应变达 3% 左右时开始破坏，其破坏应变值较前述混合料要小。图 12-24 为石灰掺量与压缩模量的关系，可以看出在石灰掺量达 6% 时，其压缩模量为 26.5MPa，达到了较好黏土的性质指标。在石灰掺量达 9% 之后，其压缩模量的提高明显减缓。6% 石灰掺量的试样较 3% 试样压缩模量提高了 103%，9% 较 6% 的试样压缩模量提高了 76%，而 12% 试样的压缩模量仅较 9% 提高了 16%。

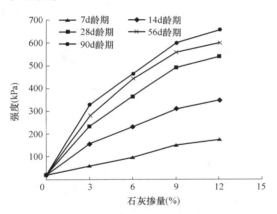

图 12-22　不同龄期条件下石灰掺量与强度的关系曲线

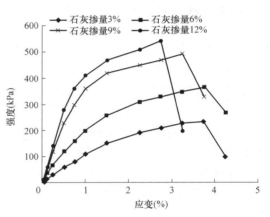

图 12-23　不同石灰掺量应力应变关系曲线

12.3.4　淤泥掺水泥试验结果

图 12-25 为海相软土掺水泥的试验结果，水泥掺量分别为 3%、6%、9%、12%。从图中可以看出随着水泥掺量的提高，试样的无侧限抗压强度随之提高，且几乎成线性增长关系，这与前述混合料的无侧限抗压强度发展规律略有区别。说明在海相软土中掺入水泥的量越大，对于软土性质的提高越好。

图 12-26 为试样应力应变测试结果，可以看出掺水泥试样在应变达 1% 附近时即开始破

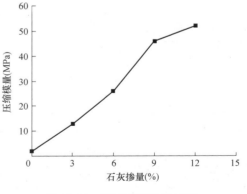

图 12-24　不同石灰掺量与压缩模量的关系曲线

坏，与前述混合料相比具有一定的脆性。图 12-27 为试样压缩模量的测试结果，其值要大于前述混合料，6% 水泥含量的试样压缩模量达 40.2MPa。

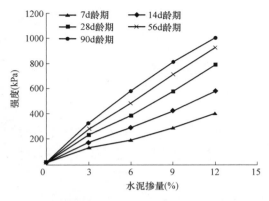

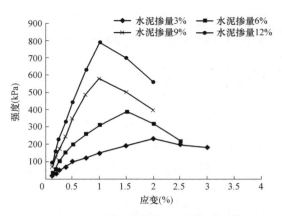

图 12-25　不同龄期条件下水泥掺量与强度的关系曲线　　　图 12-26　不同水泥掺量应力应变关系曲线

12.3.5　各混合料对比分析

1. 无侧限抗压强度

表 12-1～表 12-4 为各混合料无侧限抗压强度测试结果，以最终 90d 龄期为例，碱渣掺量 6%～36% 的强度为 121.830～232.058kPa。碱渣 12%＋粉煤灰 3%～18% 的强度为 280.403～444.777kPa。石灰 3%～12% 的强度为 290.072～655.563kPa。水泥 3%～12% 的强度为 328.748～1005.583kPa。对比发现掺入水泥的效果最好，单掺碱渣的效果最差。

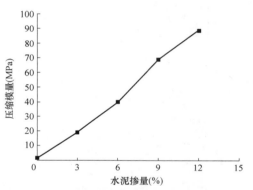

图 12-27　不同水泥掺量与压缩模量的关系曲线

无侧限抗压强度测试结果（掺碱渣，单位：kPa）　　　　表 12-1

龄期(d)	掺量 6%	掺量 12%	掺量 18%	掺量 24%	掺量 30%	掺量 36%
7	29.007	40.610	44.478	48.345	52.213	54.147
14	52.213	83.154	98.624	110.227	117.963	129.565
28	90.889	131.499	152.771	164.374	174.043	183.712
56	112.161	164.374	181.778	193.381	203.050	212.719
90	121.830	179.845	199.183	212.719	222.389	232.058

无侧限抗压强度测试结果（掺 12% 碱渣＋粉煤灰，单位：kPa）　　　　表 12-2

龄期(d)	掺量 3%	掺量 6%	掺量 9%	掺量 12%	掺量 15%	掺量 18%
7	58.014	77.353	87.022	102.492	104.426	114.095
14	131.499	174.043	212.719	230.124	241.727	251.396
28	183.712	241.727	295.873	340.351	355.822	367.425
56	232.058	299.741	348.086	377.094	386.763	406.101
90	280.403	348.086	386.763	406.101	425.439	444.777

无侧限抗压强度测试结果（掺石灰，单位：kPa）　　表 12-3

龄期（d）	掺量 3%	掺量 6%	掺量 9%	掺量 12%
7	58.014	96.691	150.837	174.043
14	135.367	232.058	313.278	348.086
28	204.984	365.491	493.122	541.468
56	251.396	425.439	558.872	599.482
90	290.072	464.115	599.482	655.563

无侧限抗压强度测试结果（掺水泥，单位：kPa）　　表 12-4

龄期（d）	掺量 3%	掺量 6%	掺量 9%	掺量 12%
7	135.367	193.381	290.072	400.299
14	174.043	290.072	425.439	580.144
28	235.925	386.763	580.144	792.863
56	280.403	483.453	715.511	928.230
90	328.748	580.144	812.202	1005.583

　　为了更为直观地对比各混合料的无侧限抗压强度，将各混合料强度列入图中，如图 12-28、图 12-29 所示，分别为 28d、56d 龄期的测试值。可以看出，固化剂的掺量越大，其强度越高。从固化剂掺量对强度的影响来看，水泥掺量的变化对强度影响最大，碱渣掺量的变化对强度影响最小，另外水泥掺量与强度的关系近似线性，其他三种固化剂呈非线性，即掺量增大初期强度提高较快，后期较慢，说明固化剂掺量提高对强度的提高效果偏弱。其拐点分别为碱渣在 18% 附近，碱渣＋粉煤灰在 12% 附近，石灰在 9% 附近。

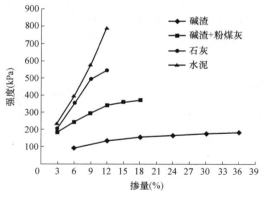

图 12-28　各混合料强度对比（28d 龄期）

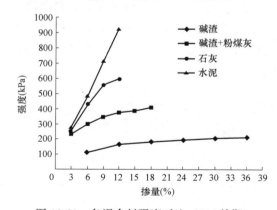

图 12-29　各混合料强度对比（56d 龄期）

　　从无侧限抗压强度值来看，掺入 36% 碱渣与掺入 12% 碱渣＋3% 粉煤灰或掺入 3% 石灰的强度值相当，掺入 12% 碱渣＋12% 粉煤灰与掺入 6% 石灰或掺入 4.5% 水泥的强度值相当。

2. 破坏应变

　　图 12-30 为各种固化剂掺量与破坏应变的关系，取自 28d 龄期测试结果。可以看出掺

入水泥或石灰的试样破坏应变最小，均在 5％以内，掺入碱渣＋粉煤灰试样的破坏应变次之，在 5％左右，掺入碱渣的试验破坏应变最大，在 12％左右。说明相对而言碱渣混合料具有一定的黏滞性，水泥及石灰混合料具有一定的脆性。

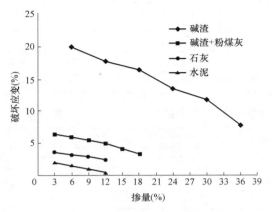

图 12-30　固化剂掺量与破坏应变的关系　　　图 12-31　固化剂掺量与压缩模量的关系

3. 压缩模量

图 12-31 为固化剂掺量与试样压缩模量的关系曲线，其特征与无侧限抗压强度类似。其中掺入碱渣后，海相软土可以达到一般性黏土的性质，掺入碱渣＋粉煤灰能够达到较好黏土的性质。

综合无侧限抗压强度及压缩模量来看，碱渣作为一种固化剂材料具有一定的可行性，能够有效地改良海相软土。

4. 工程造价

经过试验研究，可以确定混合料中碱渣 12％＋粉煤灰 12％、石灰 6％、水泥 4.5％这三种试样的强度相当，因此对这三种进行了造价对比，结果见表 12-5，表中以 1m³ 土为例进行了计算，其中 1m³ 土重取 1.7 t。对比发现掺入水泥造价最高，掺入碱渣＋粉煤灰最低，石灰居中。

造价对比　　　　　　　　　　　　　　　　　　　　　　　　表 12-5

固化剂类型	碱渣 12％＋粉煤灰 12％	石灰 6％	水泥 4.5％
质量(t)	0.408	0.102	0.077
单价(元/t)	65	300	490
总价(元/m³)	26.52	30.6	37.5

12.4　现场应用效果分析

经过试验对比分析，在管廊回填中选择了掺石灰 5％和掺碱渣 12％＋粉煤灰 12％两种填料，填料要求压实度在 90％以上。填料制备采用现场拌合的方法，先将碱渣、粉煤

灰等运至现场,再与开挖出的淤泥质土均匀拌合,然后分层填筑。图 12-32 为混合料现场
拌合照片。

图 12-32　碱渣混合料拌合现场

为了监测管廊回填料的使用效果,回填结束后,在回填部位土体中进行了水平位移及
沉降的监测,图 12-33 为水平位移监测结果,可以看出两种混合料条件下,其水平位移相
当,均在 3mm 左右。图 12-34 为沉降监测结果,两者区别不大,沉降值均在 5mm 左右。
从监测结果来看,两种混合料的使用效果相当。

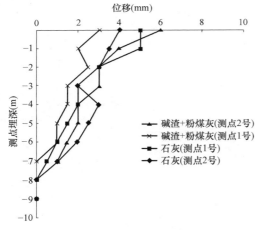

图 12-33　回填部位水平位移监测结果

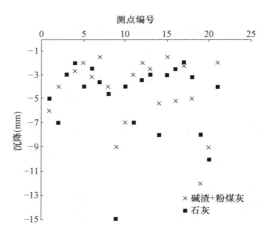

图 12-34　回填部位沉降监测结果

第13章　第三方监测应用技术

　　目前，全国各大城市的轨道交通工程建设都开展了施工监测和第三方监测工作。连云港市作为全国少数几个综合管廊试点城市，参照城市轨道交通地下工程建设的成熟经验，率先在全国引进施工监测与第三方监测管理并行的制度。第三方监测单位受建设单位独立委托，按照相关要求对管廊支护结构的关键部位及重要周边环境等进行了第三方监测。实践证明，实行施工监测和第三方监测制度对地下工程质量和安全的控制起到了很好的作用。使建设工程监测工作更加规范化、标准化，监测信息准确、客观、及时反馈到工程建设各方，确保反映施工实际情况，为信息化施工提供准确参数，有效指导现场施工。

13.1　第三方监测作用

　　第三方监测主要有对施工监测的监督和考核、平行监测两重意义，有利于保证监测的客观性和公正性。第三方监测单位作为业主的咨询服务单位，协助业主对工程承包商自身的工程监测过程和监测结果进行监督，主要体现在以下几方面：

　　（1）对土建承包商的监测方案进行审核，对存在的问题提出书面整改意见。

　　（2）根据相关规范、设计监测图及批准的土建承包商的监测方案，检查土建承包商布设的监测点；督促施工单位、施工监测单位做好监测工作，按自己的职责范围认真、及时对施工监测工作进行抽检及质量评定。

　　（3）协助业主和建设单位检查、监督施工监测体系运转情况，包括人员到位、测点布置、监测频率、仪器标定、资料真实性等。

　　（4）监测报警后，根据工程会议精神，督促施工监测加密监测，关注监测数据的变化，将监测数据异常的情况及时反馈业主，监督报警闭合工作。

　　（5）按照第三方监测合同中的内容进行监测，辖段内未规定的按施工监测的 30% 进行。

　　（6）工作范围内的现场安全巡视及技术咨询服务。

　　（7）合同规定的或业主要求的其他内容。

13.2　第三方监测实施

　　连云港徐圩新区地下综合管廊一期工程基坑监测分施工监测、监理单位和第三方监测单位三个层次进行管理，各个管理层次的人员和仪器必须有绝对的保证和相对的稳定。各管理层次应密切配合，各司其职，独立完成监测工作。

　　根据《建筑基坑工程监测技术规范》GB 50497—2009 规定，第三方监测单位负责承担本合同段新建工程第三方监测工作，配合业主监督管理本合同段的施工监测单位。第三方监测单位必须按有关规范的要求，督促施工单位、施工监测单位认真做好监测工作，按自己的职责范围认真、及时对施工监测工作进行抽检及质量评定。第三方监测单位应将监测数据异常的情况及时反馈建设单位。

　　参与连云港徐圩新区地下综合管廊一期工程建设的第三方监测单位、监理单位、施工总承包单位必须设立专门负责监测的组织机构及相应的责任人。施工总承包单位的项目总工是本标段监测工作的总负责人，施工监测现场负责人负责具体监测工作；监理单位由总监代表总体负责本标段的监测工作，专业监测监理工程师负责具体的监测工作；第三方监测单位由项目负责人总体负责第三方监测工作，监测技术负责人负责具体的第三方监测实施工作。

13.2.1　第三方监测工作范围

（1）第三方监测单位按照第三方监测合同中的内容进行监测，本辖段内未规定的按施工监测的 30% 进行。

（2）编制监测周报和月报，并参加周工作例会。

（3）协助建设单位和业主做好监测有关的管理工作，施工监测人员的数量、技术水平、仪器设备情况和监测方案、规范、标准的执行情况。

（4）工作范围内的现场安全巡视及技术咨询服务。

（5）合同规定的或建设单位要求的其他内容。

13.2.2　第三方监测现场管理

1. 监测点验收管理

施工监测单位进行测点埋设时，监理旁站，测点埋设完成后，应由监理、第三方监测对测点进行验收，并填写测点验收记录，不合格的测点应重新埋设。对于重要的基准点、监控重大风险源的测点，第三方监测单位应进行跟踪并拍照，保留埋设时的原状记录。监测元器件进场后，由第三方监测单位、监理单位及施工单位对其进行验收，验收合格后方可进行使用。

2. 测点初始值复核管理

施工单位、施工监测单位必须严格按照经批准的监测方案布设监测点，重要的监测点需通知监理、第三方监测单位进行旁站跟踪，测点布设完成后必须经监理、第三方监测单位验收合格后方可进行初值采集，测点埋设不符合要求或不按要求的，应进行重新埋设。施工监测单位至少连续 3 次采集稳定的平均值作为施工单位的初值，并与第三方监测单位采集的初值比对，审核合格后方可使用。

3. 第三方监测抽检

第三方监测单位按有关规范和合同的要求，督促施工单位、施工监测单位认真做好监测工作，按自己的职责范围认真、及时对施工监测工作进行抽检及质量评定。第三方监测单位按照合同规定的监测频率进行现场监测数据的复核抽检工作，及时反馈监测数据。抽检过程中采用的监测方法、数据处理方法严格按照监测技术要求执行，确保第三方监测数据和信息的及时、准确和真实、有效。

预警状态时，第三方监测单位及时安排现场抽检工作，并加密监测频次。

4. 第三方监测巡视检查

第三方监测现场安全巡检的主要目的是掌握周边环境和围护结构体系的动态，较全面地掌握各工点的施工安全控制程度，为建设管理单位对地下综合管廊工程建设风险管理提供支持。

通过现场巡视发现施工现场存在的问题，开展第三方监测安全评估工作，并提出第三方监测合理化改进建议，最大限度避免人员伤亡和环境伤害。降低工程经济损失和工期损失，为工程建设提供安全保障服务。

作为监测抽检的有益补充，结合现场监测测试数据，及时发现事故前兆，对事故现场做出定性结论。

13.2.3 第三方监测巡检内容

（1）支护结构：

支护结构成型质量，其中包括钢板桩施工垂直度、支撑体系是否平整；

支撑、立柱有无较大变形；支撑活络头是否变形及偏心、反力计有无加设钢板、钢板尺寸是否满足要求，机械施工是否碰撞钢支撑等；

围护结构后土体有无裂缝、沉陷及滑移；

基坑有无涌土，查看坑底有无连续的气泡冒出。

（2）施工工况：

开挖后暴露的土质情况与岩土勘察报告有无差异；

基坑开挖分段长度、分层厚度及支锚设置是否与设计要求一致；开挖小段一般是6～9m，深度为一道支撑深度，超过不要过30cm，最后一层土应根据变形情况，严格控制；

场地地表水、地下水排放状况是否正常，基坑降水、回避设施是否运转正常，坑外水体有无流向坑内；

基坑周边地面有无超载。现场重载车辆，特别是垫层混凝土浇筑期间，长时间坑边超载造成变形过大；

对监测人员的监测作业造成安全隐患的现场情况，应及时联系施工单位及监理予以解决。

（3）周边环境：

周边管道有无破损、泄露情况；

周边建筑有无新增裂缝出现；

周边道路有无裂缝、沉陷；

邻近基坑及建筑的施工变化情况。

（4）监测设施：

基准点、监测点完好状况；

监测元件的完好及保护情况（测点有无及时安装，特别是支撑轴力有无及时监测）；

有无影响观测工作的障碍物、周边堆载情况。

（5）除上述基坑巡视以外，第三方监测现场巡视还应包括根据设计要求或当地经验确定的其他巡视检查内容。

13.3　第三方监测评估与管理

第三方监测安全评估是加强现场监测分中心监测信息管理的关键环节，通过开展第三方监测安全评估，实时掌握现场动态，预判现场安全，发现监测信息存在的主要问题，合理安排第三方现场抽检工作。

13.3.1　工作内容

了解现场监测实施情况，更新第三方监测工况图；每天审核查看施工监测方的监测数据，对现场工程的安全状态进行第三方监测安全评估。

13.3.2　管理要点

（1）第三方监测负责整理、汇总和分析自身监测、巡视信息等，初步判定结构安全状态，提供监控跟踪和风险控制的咨询意见，以有效指导施工。对施工阶段的安全风险状况进行总体评价，掌控施工阶段的安全风险状态。

（2）第三方监测人员根据掌握的标段内风险情况，结合现场信息情况，审核分析施工监测方现场测试数据，对其每日监测数据的变化情况及原因做出合理分析。预警情况下，按照相关规范执行。

（3）第三方监测人员应每周与施工监测方监测同一天的监测数据进行比对检查及对比分析，确保施工监测方监测数据的准确、可靠性。对于比对出的异常数据，查找原因，及时整改。

13.3.3　监测信息反馈管理

第三方监测工作流程如图 13-1 所示，在工作过程中第三方监测单位、施工单位及施工监测单位项目负责人应保证手机 24h 开机，出现巡视异常、监测数据预警时，应根据预警、消警的要求，及时通知相关部门及人员，必要时可以越级直接电话通知建设单位的相关负责人，便于启动紧急预案。

施工监测单位根据批准的监测方案开展监测工作，及时向建设单位、施工单位、监理单位、第三方监测单位报送监测日报、周报、月报。监测成果定期组卷、存档，同时接受第三方监测单位、监理单位的检查。

施工监测单位必须按照施工监测方案的要求对监测数据进行必要的检核计算、数据处理与分析，给出风险工程的安全情况及变形发展趋势预测。第三方监测单位根据工程进度独立开展监测工作，并对施工监测的工作进行监督和指导。

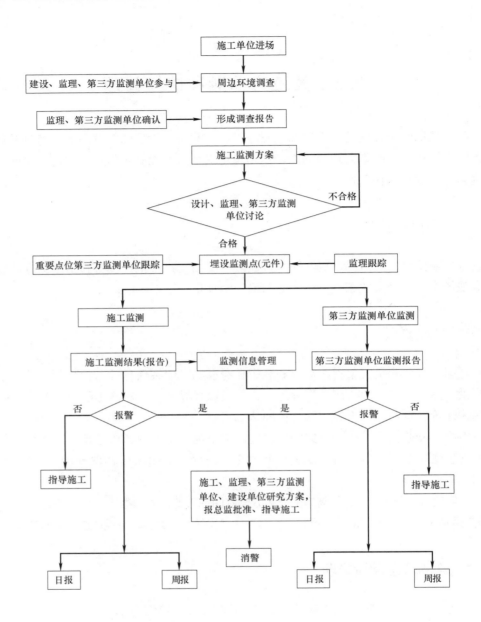

图 13-1 第三方监测工作流程图

13.4 监测工作环境

本次监测工程总长度 15.3km，其中江苏大道（应急救援中心—徐圩污水处理厂北侧）长约 8.4km，西安路（环保二路—方洋路）长约 3.0km，环保二路（西安路—江苏大道）长约 1.3km，方洋路（乌鲁木齐路—江苏大道）长约 2.6km，并包括一座建筑面积为 2712m² 的管廊运营调度中心。监测工作共含三个工作面：试验段、一标段及二标段。

13.4.1　试验段

位于连云港市徐圩新区江苏大道东侧，张圩港河路以北。试验段管廊北端起于应急救援中心，南端止于张圩港河南岸，起止里程为 A0＋000～A1＋140，总长度 1.14km。

图 13-2　管廊 A1＋060.00～A1＋090.00 段下穿江苏大道

其中管廊在桩号 A0＋965.00～A1＋000.00、A1＋060.00～A1＋090.00 两处近距离下穿江苏大道高架桥，管廊主体结构距离桥墩最近距离仅 2～3m，如图 13-2 所示。

13.4.2　一标段

徐圩新区地下综合管廊一期工程（江苏大道）自 A0＋000 至 A8＋434，其中本标段即江苏大道（张圩港河南岸—徐圩污水处理厂北侧）段土建部分实施桩号为 A1＋140～A8＋434，设计里程 7294m，安装部分包括试验段，实施桩号为 A0＋000～A8＋434，设计里程 8434m。

管廊走向为自张圩港河南岸江苏大道左侧 A1＋140 为管廊一标起点过纵七路到 A1＋407 陇海铁路（过铁路段 40m 由铁路部门实施，不在我单位施工范围内，中心桩号 A1＋407）。至 A1＋360 右转下穿张圩港河互通至江苏大道右侧，然后沿江苏大道右侧直至徐圩污水处理厂。其中位于方洋河和纳潮河为倒虹吸。

其中管廊 A1＋352～A1＋353 段下穿连云港到盐城快速铁路徐圩港区支线，该段由铁路建设单位代为建设，现已完成路基建设，准备进入铺轨阶段。

13.4.3　二标段

　　徐圩新区地下管廊一期工程二标即西安路（环保二路—方洋路）、环保二路（西安路—江苏大道）及方洋路（徐圩水厂—江苏大道）段、运营调度中心。主要工程为6792m长综合管廊，西安路段，桩号B0+060~B3+060，实施里程3000m；环保二路段，桩号C0+000~C1+260，实施里程1260m；方洋路段，桩号D0+000~D2+532.1，实施里程2532.1m。

　　二标段管廊主体结构分别在方洋路（D1+550~D1+700）、环保二路（C0+240~C0+440）两处倒虹吸通过中心河，如图13-3所示。

图13-3　环保二路（C0+240~C0+440）中心河倒虹吸段

13.5　基准点及监测点布设

13.5.1　沉降基准网

1. 布设方案

　　地表、建筑物和围护结构等沉降监测的质量好坏及其观测资料能否准确客观地反映施工对周边环境的影响，沉降监测基准网点的埋设和观测起着至关重要的作用。因此，针对本工程项目的特点，本次沉降监测基准网点由水准基点和沉降观测点组成。其中水准基点为本工程沉降监测的高程基准。

　　在江苏大道施工区影响范围以外周边埋设6个水准基点。在方洋路、西安路和环保二路施工区影响范围以外周边各埋设4个水准基点。

2. 沉降基准点选埋原则

通视条件好，便于观测；必须选埋在沉降影响范围以外，地基坚实稳定、安全僻静，并利于标识长期保存与观测稳定的区域内；选埋基点应现场踏勘，并结合地质实际情况，确定埋设深度；水准基点标石根据现场情况，选用深埋双金属管水准基点标石、深埋钢管水准基点标石或混凝土基本水准标石。

3. 沉降基准网的初值测量

将基准点与施工方提供的施工高程基准点（高程已知）进行联测，采用闭合水准路线通过测得的高差计算出每个基准点的高程。基准点观测采用往返观测，观测顺序是后—前—前—后，返测时奇偶站的观测顺序与往测时偶奇站的观测顺序相同。基准点的首次观测，应进行 3 次独立观测，取观测合格结果的中数作为基准点的初始高程。

4. 沉降基准网的数据处理

依据测量误差理论和统计检验原理对获得的观测数据及时进行平差计算和处理，计算沉降量、沉降差以及本周期平均沉降量、沉降速率和累计沉降量等。

观测数据平差使用 Nasew V3.0 商用平差软件，以测站定权；数据处理采用河海大学开发的建筑沉降分析系统 Settlement ST 4.3 进行处理。

沉降分析应先对基准点的稳定性进行检验和分析，从而判断观测点是否变动，可根据前后两次观测数据的平差值的较差，通过组合比较的方法对基准点的稳定性进行评价。当基准点前后两次平差值的较差小于 $2\sqrt{2}$ 倍的实际测量单位权中误差时，可认为基准点相对稳定。

5. 沉降基准网的检测

为了确保沉降观测成果的准确性必须定期和不定期地进行复测，沉降基准网复测周期根据控制点稳定情况和沉降观测的精度需求来确定。原则上规定：在基准网建成后，应在工程施工后 1 个月进行第一次复测，此后每隔 1 个月复测一次。实施过程中根据控制点的稳定性调整复测周期，也可根据实际情况仅局部复测，而非全面复测，以便减小复测的工作量。基准网的复测方法和初值测量方法相同。通过测得的两个点之间的高差与前一次测得的数据进行比较和分析。

13.5.2　水平位移基准网

1. 布设方案

与沉降基准网建立的方案一样，针对本工程特点在江苏大道施工区影响范围以外周边埋设 6 个平面基点。在方洋路、西安路和环保二路施工区影响范围以外周边各埋设 4 个平面基点。水平基准网采用经典测量方法，如边角测量、导线测量、GPS 测量、三角测量、三边测量等形式。

2. 水平位移监测基准点选点原则

地面基础稳定，易于点的长期保存，在施工期间不易受破坏的位置；有良好通视条件，即使在施工期间，也要保持良好的通视条件；点位尽可能远离建筑物，远离高压电线、变压器等设施，以消除各种外界因素带来的偶然误差；视线离障碍物的距离应大于2m；各级别位移观测的基准点（含方位定向点）不应少于 3 个。

3. 水平位移基准网初值测定

水平位移基准网采用导线测量方法，假设其中一个基准点的坐标 J_1（X_1，Y_1），设定 J_1～J_2 边为零方向，形成闭合导线，按照变形一级的导线测量要求施测，测量次数不得少于 3 次。

4. 水平位移监测基准网的数据处理

水平位移基准网数据处理按最小二乘原理，采用严密的经典测量数处理方法—间接平差法计算，观测数据平差使用清华三维 Nasew V3.0 商用平差软件。为保证数据计算的准确性，还将利用其他商品化平差软件（如南方平差易平差软件）进行平差计算检核。

5. 水平位移监测基准网的检测

水平位移基准网复测周期根据控制点稳定情况和沉降观测的精度需求来确定。原则上规定：在基准网建成后，应在工程施工后 1 个月进行第一次复测，此后每隔 3 个月复测一次。实施过程中根据控制点的稳定性调整复测周期，也可根据实际情况仅局部复测，而非全面复测，以便减小复测的工作量①。

13.5.3 围护结构顶部水平及竖向位移监测

1. 测点布设原则

（1）应沿基坑周边布置，周边中部及基坑阳角应布置监测点。监测点应布置在顶圈梁（坡顶）上，监测点间距不大于 20m，且每侧边监测点不少于 3 个，关键部位宜加密。

（2）宜布置在两根支撑的中间部位。

（3）宜布置在围护墙侧向变形（测斜）监测点处。

2. 测点埋设方法

监测点埋设时先在圈梁、围护桩或其他围护结构的顶部用冲击钻钻出深约 10cm 的孔，再把强制归心监测标志放入孔内，缝隙用锚固剂填充。测点布置时在相关规范和设计文件的要求下，结合我单位的经验，选取可能出现较大水平位移点作为测点埋设部位，如地质条件较差、支护结构长边中部、不同支护结构交接处、周边有重点保护建（构）筑物等点位。

钢板桩桩顶采用焊接强制对中杆进行对中观测，灌注桩等具体埋设方法如图 13-4 所示。

13.5.4 土体深层水平位移监测

1. 测点布设原则

（1）监测点应布置在邻近需要重点监护的地下设施或建构筑物周围土体中。

---

① 在没有特定要求和场地特殊情况限制下，沉降基准点和水平位移基准点可以共用。

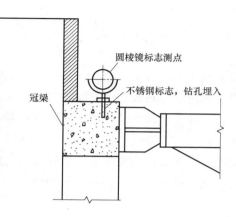

图 13-4　围护桩桩顶竖向位移监测点埋设示意图

（2）监测点布置间距宜为围护墙侧向变形监测点布置间距 1～2 倍，并宜布置在围护墙顶部水平位移监测点旁，每侧边监测点至少一个。

（3）土体侧向变形监测（测斜）孔埋设深度应大于围护墙（桩）埋深 5m。

2. 埋设方法

首先在围护桩外侧土体中钻孔，孔径略大于测斜管外径，一般测斜管是外径 $\phi70$，钻孔内径 $\phi110$ 的孔比较合适，孔深一般要求超出围护结构底 3～5m 比较合适，硬质基底取小值，软质基底取大值。然后将在地面连接好的测斜管放入孔内，测斜管与钻孔之间的空隙回填细砂或水泥与膨润土拌合的灰浆，埋设就位的测斜管必须保证有一对凹槽与基坑边缘垂直（图 13-5、图 13-6）。

3. 安装或埋设过程中注意事项

（1）采用测斜仪在埋设在土体中的测斜管内进行测试。测点宜选在变形大（或危险）的典型位置。

（2）测斜管的上下管间对接良好，无缝隙，接头处牢固固定、密封。

（3）封好底部和顶部，保持测斜管的干净、通畅和平直。

（4）做好清晰的标示和可靠的保护措施。

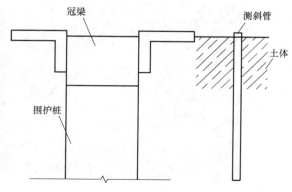

图 13-5　测斜孔保护标识示意图　　　　图 13-6　土体测斜埋设示意图

13.5.5　支撑轴力监测

本基坑 A0+965.00～A1+000.00、A1+060.00～A1+090.00 按一级监测等级，根据要求每道支撑布设三个支撑轴力监测点。安装时将轴力计安装架与钢支撑端头对中并牢固焊接，在安装轴力计位置的墙体钢围檩上焊接一块 250mm×250mm×25mm 的加强垫板，以防止钢支撑受力后轴力计陷入钢围檩。待焊接件冷却后将轴力计推入安装架并用螺丝固定好。安装过程要注意轴力计和钢支撑轴线在同一直线上，各接触面平整，确保钢支撑处于轴心受压状态。现场安装如图 13-7 所示。

图 13-7　支撑轴力计现场安装图

13.5.6　周边地表沉降剖面监测

在基坑四侧布设周边地表竖向位移监测断面，用长钢筋击入原状土中，上部打磨成球形并用细沙夯实，外部加设测点保护盖，如图 13-8 所示。

图 13-8　地表沉降监测点埋设实景图

13.5.7　周边管线竖向位移监测

测点布设原则：地下管线的沉降和位移观测应尽量布置直接测点。

测点埋设方法：间隔约 20m 布设监测点。

管线尽量采用直接法监测，如直接法没有条件观测采用间接法观测，其测点应布设在管线正上方。当管线上方为刚性路面时，宜将测点埋设于刚性路面下。对直埋的刚性管线，应在管线节点、竖井及其两侧等易破裂处设置测点。采用管线探测仪器探出管线的具体位置与埋深，用长钢筋击入管线上部的土中，钢筋头打磨成球形，采用混凝土加固。

13.5.8　周边建筑物沉降监测

测点布设原则：从基坑边缘以外 1～3 倍基坑开挖深度范围内需要保护的周边环境应作为检测对象，位于重要保护区范围内的监测点的布置，尚应满足相关部门的技术要求。

测点埋设方法：在邻近基坑建筑物布设沉降测点，如图 13-9 所示。

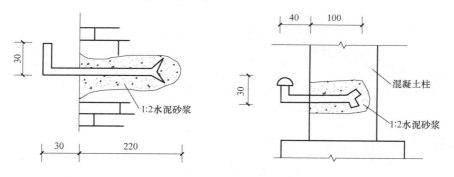

图 13-9　建筑物沉降监测点埋设实景图

13.6　监测作业方法

13.6.1　控制测量

水平位移监测控制网采用 Leica TM30（测角 0.5″，测距 0.6mm＋1ppm[①]）进行观测，按变形一级监测的等级要求进行基准网观测，采用条件平差进行严密平差。水平位移

---

①　1ppm 为比例误差，含义为百万分之 1，如 1 公里误差为 1mm。用来描述仪器测量精度。

221

监测精度要求按表 13-1 规定执行。

水平位移监测精度要求 　　　　　　　表 13-1

监测等级	一级
变形观测点的点位中误差	1.0mm

注：监测点坐标中误差系指监测点相对于测站点的坐标中误差。

水平位移监测基准网按表 13-2 规定执行。

水平位移监测基准网的主要技术要求 　　　　　　　表 13-2

监测网等级	平均边长(m)	测角中误差(″)	边长中误差(mm)	最弱边边长相对中误差
一等	200	±1.0	±1.0	1：200000

注：水平位移监测基准网的相关指标，是基于相应等级相邻基准点的点位中误差的要求确定。

　　沉降观测基准点组成一条闭合水准路线，基准点观测采用电子水准仪往返观测。基准网首次观测独立观测 3 次，取合格平均值作为初始值。

　　基坑监测控制网的复测周期：最初观测 3 次取平均值作为初始值，第 1 个月复测 1 次，确认稳定后每 2～3 月复测 1 次。水平位移及垂直位移监测控制网的主要技术要求见表 13-3。

竖向位移监测基准网的主要技术要求 　　　　　　　表 13-3

监测网等级	观测点测站高度中误差	往返较差或环线闭合差	检测已测测段高度之差	单程双测站所测高度之差
二等	±0.5	≤1.0$\sqrt{n}$	≤1.5$\sqrt{n}$	≤0.7$\sqrt{n}$

注：n 为测站数。

竖向位移监测网施测按表 13-4 所列要求。

竖向位移观测的主要技术要求 　　　　　　　表 13-4

监测网等级	水准仪型号	视线长度(m)	前后视距较差(m)	前后视距累计较差(m)	视线离地面高度(m)	同一尺面两次读数差(mm)
二等	Dini03	≤50	≤1.5	≤5.0	≥0.55	≤0.5

　　沉降观测点观测：沉降观测点的精度应与竖向位移监测网观测相一致。标志的立尺部位应加工成半球形或有明显的突出点。

13.6.2　沉降监测

　　基坑按照变形二等水准的监测要求进行观测。仪器采用美国天宝 Trimble Dini03 电子水准仪、铟钢条码水准尺，测量精度 0.3mm/km。

　　将沉降观测点和沉降基准点组成一条闭合线路，每次观测过程中尽量做到固定人员、固定仪器、固定测站、固定路线，以尽量减小人工和系统误差。

　　完成外业工作后，采用 Nasew 测量平差软件进行数据处理，算得各监测点的高程。

再将各沉降监测点的本次高程 $Hi(t)$，与前次高程 $Hi(t-1)$ 进行相减，差值 $\Delta c(i)$ 即为该监测点的本次沉降量。

13.6.3　水平位移监测

水平位移观测使用 Leica TM30 全站仪，标称精度：测角 $0.5''$，测距 $0.6\text{mm}+1\text{ppm}$。仪器架设于基准点，其他基准点作为定向点，采用极坐标法测出各监测点的水平角度及距离，计算出各监测点的坐标，再将各监测点的坐标换算为与基坑相垂直方向的距离，通过相邻算得两次监测点至基坑边线的垂距相减，即为本次位移量，与首次观测值的差值即为累计位移量。

13.6.4　深层水平位移（测斜）

1. 测试方法

每次监测时，将探头导轮对准与所测位移方向一致的槽口，缓缓放至管底。待探头与管内温度基本一致、显示仪读数稳定后开始监测。每次测试时，按探头电缆上的刻度分划，均速提升。每隔 500mm 读数一次，并做记录。待探头提升至管口处，旋转 $180°$ 后，再按上述方法测量，以消除测斜仪自身的误差。

2. 测试数据处理

1）计算原理

通常使用的活动式测斜仪采用带导轮的测斜探头，探头两对导轮间距 500mm，以两对导轮之间的间距为一个测段。每一测段上、下导轮间相对水平偏差量可通过 $\delta=l\times\sin\theta$ 计算得到。

2）测斜管形状曲线

测斜仪单次测试得到的是测斜仪上、下导轮间相对水平偏差量，计算得到的是测点 n 相对于起始点的水平偏差量，将起始点设在测斜管的一端（孔底），以上、下导轮间距（0.5m）为测段长度，则将每个测段 Δn 沿深度连成线就构成了测斜管形状曲线。

3）测斜管水平位移曲线（侧向位移曲线）

若将测段 n 第 j 次与第 $j-1$ 次的水平偏差量之差表示为 ΔX_{nj}（$\Delta X_{nj}=\Delta n^{j}-\Delta n^{j-1}$），则 ΔX_{nj} 即为测段 n 本次水平位移量，ΔX_{nj} 沿深度的连线就构成了测斜管本次水平位移曲线。

13.6.5　支撑轴力监测

1. 钢弦式传感器测试方法

具体操作方法为，接通频率仪电源，将频率仪两根测试导线分别接在传感器的导线上，按频率仪测试按钮，频率仪数显窗口会出现数据（传感器频率），反复测试几次，观测数据是否稳定，如果几次测试的数据变化量在 1Hz 以内，可以认为测试数据稳定，取平均值作为测试值。由于频率仪在测试时会发出很高的脉冲电流，所以在测试时操作者必须使测试接头保持干燥，并使接头处的两根导线相互分开，不要有任何接触，不然会影响测试结果。

现场原始记录采用专用格式的记录纸，除记录下传感器编号和对应测试频率外，原始记录纸上亦充分反映环境和施工信息。

2. 测试数据处理

根据材料力学基本原理轴向受力可表述为：$N=\sigma A=E\varepsilon A$。对钢筋混凝土杆件，在钢筋与混凝土共同工作、变形协调条件下，轴向受力可表述为：$N=\varepsilon(E_cA_c+E_sA_s)$。

在监测过程中，当所测对象受压时，振弦式的轴力计所测频率渐小，故使用该公式时，计算所得应力为负值时受压，为便于描述支撑轴力，通常将该值反号，表示受压。

13.6.6　监测报警值

依据招标文件及《建筑基坑工程监测技术规范》GB 50497—2009，监测报警值应满足基坑工程设计、地下结构设计以及周边环境中被保护对象的控制要求，监测报警值应由基坑工程设计方确定。具体监测报警值见表 13-5、表 13-6。

一级基坑监测报警值　　　　　　　　　　　表 13-5

序号	监测内容	变化速率（mm/d）	累计值（mm）
1	围护墙顶水平位移	±3	30
2	围护墙顶竖向位移	±3	20
3	土体深层变形	±3	30
4	坑外地面沉降	±2	25
5	邻近建筑物位移	±2	20
6	地下管线位移	±2	15
7	周边地表沉降	±3	20

注：当监测数据达到报警值时，应在监测日报表上加盖报警章，并将监测成果及时反馈到现场相关单位。根据现场情况和技术管理人员的要求，调整监测频率。

二级基坑监测报警值　　　　　　　　　　　表 13-6

序号	监测内容	变化速率（mm/d）	累计值（mm）
1	围护墙顶水平位移	±5	40
2	围护墙顶竖向位移	±4	40
3	土体深层变形	±4	40
4	邻近建筑物位移	±4	40
5	地下管线位移	±2	20
6	周边地表沉降	±4	40

13. 7　监测成果总结

13. 7. 1　桩顶水平位移监测成果分析

以环保二路标准段（C0＋120-C0＋220）监测数据来分析桩顶水平位移在基坑施工期间的变化趋势。从图 13-10 桩顶水平位移历时变化曲线图可以看出，在基坑开挖初期桩顶水平位移变化较大，部分监测点变化速率及累计变化量超过报警值，整体表现为土方开挖侧桩顶点向基坑内位移，另一侧向基坑外移动。在土方开挖结束以后，随着垫层及底板浇筑完成，变化速率均逐渐趋于平稳。其中，ZQS12-1、ZQS12-2 为处于一个监测断面的对称监测点，由于施工期间重型机械集中荷载作用，导致整体向一个方向变形较大，后期根据监测数据反馈施工，调整了土方开挖位置，变化速率逐渐变缓。

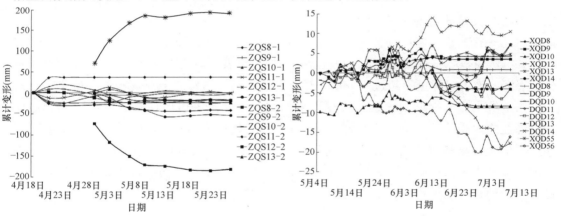

图 13-10　桩顶水平位移历时变化曲线图　　　图 13-11　桩顶竖向位移历时变化曲线图

13. 7. 2　桩顶竖向位移监测成果分析

试验段北侧标准段基坑主要土方作业集中在基坑东侧，从图 13-11 桩顶竖向位移历时变化曲线图可以看出，在基坑开挖期间，北侧基坑桩顶竖向位移基本维持在 －20～15mm，均未超过报警值，但在施工期间由于受重型施工车辆影响波动较大。南侧标准段由于在开挖第二层土方期间，东侧重型机械及土方堆载较多，造成东侧荷载较大，周边桩体产生较大沉陷。底板及主体结构浇筑完成，变化逐渐趋于平稳。

13. 7. 3　土体深层水平位移监测成果分析

土体深层水平位移监测点分别布设在基坑两侧，按每 20m 一个布设，与桩顶监测点处于同一个断面。土体深层水平位移监测成果分析以环保二路标准段为例，从图 13-12 土体深层水平位移历时变化曲线图可以看出，土体深层水平位移最大趋势主要出现在基坑土方开挖到底板以后，呈现出典型的"鼓肚状"变形，最大变形位置基本同底板开挖深度一致。其中土方开挖侧由于受挖机施工影响，上部变化量明显大于无挖机施工一侧，超过报警值，在施工过程中要注意避免，挖机尽量远离基坑施工。随着土方开挖结束，垫层及底板浇筑完成，变化趋势均逐渐趋于平稳。

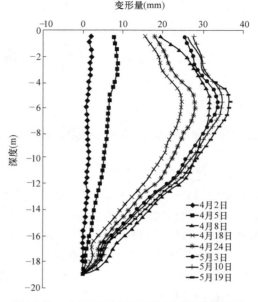

图 13-12 土体深层水平位移历时变化曲线图

13.7.4 周边地表监测成果分析

周边地表监测点分别布设在基坑两侧，按每 20m 一个布设，与桩顶监测点、土体深层水平位移处于同一个断面。从图 13-13 中可以看出，当基坑周边没有较大荷载情况下，周边地表沉降监测点只在土方开挖期间出现少量下沉，最大沉降量不超过 40mm，随着底板及主体结构的浇筑，基本保持平稳；此外，当基坑土方开挖期间，重型机械距离基坑较近、基坑边出现较大堆载时，周边地表沉降监测点受荷载影响会出现较大突变，图中 XDB28、DDB29 位置土方开挖期间东侧重型机械距离基坑较近、西侧为钢筋加工区，堆放有较多钢筋，造成土方开挖期间两侧土体产生较大沉陷，最大沉降量达 97mm。底板及主体结构浇筑完成，逐渐趋于平稳，但当周边有重型机械通过时，依然会有较大变化。

13.7.5 桥梁监测成果分析

本工程通过桥梁段支护结构采用钻孔灌注桩加两道钢支撑的围护结构，从图 13-14 桥梁沉降累计变化历时曲线图可以看出，在基坑施工期间对桥梁结构产生的影响较小，基本维持在 −4～2mm 之间，且主要以下沉为主，随着主体结构全部完成以后逐渐趋于稳定。

综上所述，在整个基坑施工期间，未对桥梁主体结构产生明显影响，桥梁结构保持安全平稳状态。

13.7.6 支撑轴力监测成果分析

本工程通过桥梁段一级基坑采用钻孔灌注桩加两道钢支撑的围护结构，根据设计单位要求，一级基坑段每道支撑布设三个支撑轴力监测点。

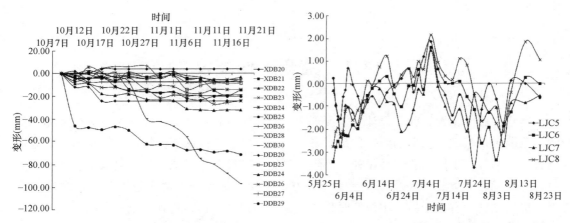

图 13-13　周边地表沉降累计变化曲线图　　　　图 13-14　桥梁沉降累计变化量历时曲线图

基坑第一道支撑于 2017 年 6 月初架设完成，第二道支撑于 2017 年 6 月中旬完成。其间变化见支撑轴力历时曲线图（图 13-15）。

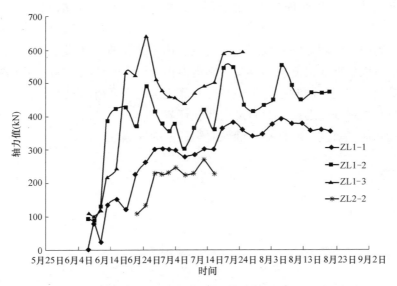

图 13-15　支撑轴力监测点历时曲线图

图 13-15 中，第一道支撑轴力反映最为清晰。随着基坑第二层土方逐步开挖到底，支撑轴力逐步增大（正值表示受压），第二道支撑施工后，第一道支撑轴力逐渐减小，底板浇筑后趋于平缓，第二道支撑拆除对第一道支撑影响明显，第二道支撑拆除后，第一道支撑轴力明显增大。支撑轴力最大受压值为第一道支撑上轴力监测点，轴力值 600kN，远小于第一道支撑报警值 1500kN，该情况出现在土方开挖到底后。

综上所述，整个基坑施工期间，支撑轴力监测点内力值均在正常范围内，期间支撑均未出现变形、开裂等异常情况，所以支撑梁在整个过程中是稳定的。

13.8 监测工作建议

本着为服务工程、验证设计的监测理念，我们通过各种监测手段对基坑进行量测，量测的范围包括基坑施工期间围护顶部水平位移和沉降、土体深层位移、支撑轴力、周边桥梁及建筑物等，手段主要包括位移、沉降、测斜、支撑轴力，依据是监测数据、各项极限值、发展趋势。量测结果及时反馈参建各方，当变形量或变形速率过大时，及时分析原因，提出预警，有利于施工单位及时采取一定措施控制变形，达到安全的目的。

根据在长期监测过程中遇到的部分监测点报警及相关施工情况，建议后续其他相关施工单位在遇到类似工程条件时，注意以下几个方面问题：

（1）确保围护结构的施工质量。钢板桩的套打质量及垂直度应达到设计要求，钢围檩与钢板桩应密切贴合，避免出现钢支撑不受力的情况。

（2）确保施工工序的衔接。施工单位应该严格按照施工组织设计进行施工，分层分段开挖，在挖土作业形成作业面后及时架设钢支撑，减少基底暴露时间过长产生的时空效应。

（3）基坑周边严禁超载。基坑周边影响范围内不应出现过大荷载，包括土方、钢筋、钢支撑、钢围檩堆放形成的静载和重载车辆集中作业形成的动载，施工便道在条件允许的情况下应尽量远离基坑，同时避免出现基坑两侧土压力不平衡的现象。

（4）重视并加强现场巡视，及时发现薄弱环节。

（5）重视并加强监测点的保护，确保监测数据的连续性。

第 14 章 工程建设经验总结

14.1　管廊建设的主要难点

徐圩新区地下综合管廊建设于典型的滨海相场地，整个管廊主体结构位于淤泥质土中，增加了基础工程的设计施工难度，另外管廊的混凝土结构还面临地下水的腐蚀作用。

管廊建设过程中需穿越多重障碍，地上有高压电力塔、立交桥、铁路等设施，地下有通信、雨水、污水等管线，在设计和施工中均需特别注意。

14.2　管廊建设的主要特点

徐圩新区地下综合管廊主要围绕节能环保科技园建设，服务于该科技园和徐圩新区核心区，在管廊规划设计时必须与科技园的工作特点相结合，为科技园区和公共服务设施提供服务与保障。

管廊与石化产业园相邻，为此在管廊中设置了人员疏散通道，以应对石化产业园区可能发生的灾难性事故，为救援和抢险提供通道保障。

14.3　管廊建设的主要经验

目前徐圩新区地下综合管廊一期工程基本完成，已经积累了一定的经验，总结经验可为类似工程提供借鉴：

（1）在管廊工程规划中充分利用了现有设施，如本管廊工程在穿越江苏大道时，选择在张圩港河立交桥下方穿越，无须开挖现有道路，不仅减少了施工扰动，且节省了工程造价，具有良好的社会效益和经济效益。

（2）本管廊工程收容管线有高压电力、中压电力、通信、给水、污水、原水、燃气、供热等八种。其中电力管线和燃气管线的安全问题需注意，这两种管线宜布置在独立舱。供热管线不仅要考虑温度对其他管线的影响，且要考虑后期的维修工作，因此在布置供热管线时留有足够的空间。

（3）在设计施工过程中不断优化，实时反馈工程信息，实现了信息化施工。在管廊施工过程中对部分段落的基坑支护结构进行了优化，将原设计的支护桩长 21m 降至 18m，创造了良好的经济效益。实现了"设计指导施工，施工反馈设计"的良性循环过程。

（4）本管廊在施工过程中引入了第三方监测，对施工监测具有监督作用，且第三方监测更为精细和全面，可更好地收集管廊施工中的各项数据，为今后设计施工提供重要参考。

（5）针对长条形软土基坑变形问题，本管廊工程标准段采用了拉森钢板桩支护。在施工过程中由于现场机械工作等因素的影响，部分段落的基坑土体位移达 30mm 以上，超出了规范允许值，但是在没有采取措施的情况下，管廊基坑仍然得以顺利施工。

（6）建立了高效合理的运维管理系统，采用了云计算、大数据、物联网、GIS、BIM 等先进技术。本管廊收容管线多，且配套有应急救援中心和医疗救援中心，后期的运维管理工作量大，因此高效的运维管理系统能够为管廊的运营提供保障。

（7）建立了健康监测系统，本管廊工程建设规模较大，且处于软土环境中，管廊的稳定性问题至关重要，在运营过程中管廊结构的健康状态直接影响运营效果，因此建立完善的健康监测系统有利于实时反馈管廊工作状态，为运维管理提供有力支持。

（8）本管廊工程设计中，没有对如污水、给水等自重较大的管线支撑进行预留。主要原因是这些自重大的管线还没有完成管线施工图设计，在管廊本体设计中，基本不能够确定这些管线支撑设置的位置。特别是带压力的管线，在管线运行过程中，还存在管线纵向的作用力，就更加难以确定合理的支撑位置，所以该类管线支撑设计，等待管线的施工图设计时一并完成。

参 考 文 献

[1] 陈永辉，陈明玉，张婉璐，等. 矿渣-水泥固化碱渣土的工程特性 [J]. 建筑材料学报，2017，20（4）：582-585，597.

[2] 范翔. 城市综合管廊工程重要节点设计探讨 [J]. 给水排水，2016，52（1）：117-122.

[3] 冀国栋，杨春和，刘伟，等. 粉煤灰增强回填碱渣工程特性的试验研究 [J]. 岩土力学，2015，36（8）：2169-2176，2183.

[4] 姜天凌，李芳芳，苏杰，等. BIM 在市政综合管廊设计中的应用 [J]. 中国给水排水，2015，31（12）：65-67.

[5] 金祖权，孙伟，李秋义. 矿物掺合料对海水中氯离子的结合能力 [J]. 腐蚀与防护，2009，30（12）：869-872.

[6] 金祖权，赵铁军，孙伟. 硫酸盐对混凝土腐蚀研究 [J]. 工业建筑，2008，38（3）：90-93.

[7] 李琳，江志安. 碱渣变形性质的试验研究 [J]. 水文地质工程地质，2005（5）：77-79.

[8] 李士伟，王迎飞，王胜年. 硫酸环境下混凝土损伤预测模型 [J]. 武汉理工大学学报，2010，32（14）：35-39.

[9] 刘晨晨，杨志强，马骥，等. 地下综合管廊建设的若干问题研究 [J]. 测绘通报，2015（S1）：31-33.

[10] 刘大成，刘艳娟，王仲军，等. 利用工业碱渣制备便道砖的研究 [J]. 陶瓷学报，2014，35（6）：629-633.

[11] 刘伟龙，金祖权，常洪雷等. 矿粉混凝土在海洋环境下的氯离子侵蚀研究 [J]. 粉煤灰，2013，25（3）：14-17.

[12] 刘心中，姚德，董凤芝，等. 碱渣（白泥）综合利用 [J]. 化工矿物与加工，2001，30（3）：1-4.

[13] 鲁彩凤，袁迎曙，季海霞，等. 海洋大气中氯离子在粉煤灰混凝土中的传输规律 [J]. 浙江大学学报：工学版，2012，46（2）：681-690.

[14] 陆敏博，王新庆，王志红. 城市综合管廊标准断面设计要点探讨 [J]. 给水排水，2016，52（8）：115-117.

[15] 马昆林. 混凝土盐结晶侵蚀机理与评价方法 [D]. 长沙：中南大学，2009.

[16] 慕儒. 冻融循环与外部弯曲应力、盐溶液复合下混凝土的耐久性与寿命预测 [D]. 南京：东南大学，2000.

[17] 孙家瑛，顾昕. 新型无熟料碱渣固化土的工程特性 [J]. 建筑材料学报，2014，17（6）：1031-1035.

[18] 孙树林，郑青海，唐俊，等. 碱渣改良膨胀土室内试验研究 [J]. 岩土力学，2012，33（6）：1608-1612.

[19] 谭博，蔡智，徐海洋，等. 海相深厚软土综合管廊施工技术 [J]. 施工技术，2016，45（7）：105-108.

[20] 谭忠盛，陈雪莹，王秀英，等. 城市地下综合管廊建设管理模式及关键技术 [J]. 隧道建设，2016，36（10）：1177-1189.

[21] 田学伟，李显忠. 唐山碱渣土的工程利用研究 [J]. 建筑科学，2009，25（7）：77-79，101.

[22]　汪廷秀，高建明，丁平华，等. 干湿交替下混凝土抗硫酸盐侵蚀性能的研究 [J]. 混凝土与水泥制品，2011，14 (2)：17-21.

[23]　王芳，徐竹青，严丽雪，等. 碱渣土工试验方法及其工程土特性研究 [J]. 岩土工程学报，2007 (8)：1211-1214.

[24]　王军，陈欣盛，李少龙，等. 城市地下综合管廊建设及运营现状 [J]. 土木工程与管理报，2018，35 (2)：101-109.

[25]　王倩，崔启兵，徐海群. 海水侵蚀环境下再生混凝土梁的损伤劣化研究 [J]. 四川建筑科学研究，2018，44 (1)：24-27.

[26]　吴庆令，杨益洪，裴伟伟. 混凝土在盐雾腐蚀和海水侵蚀中的劣化损伤 [J]. 混凝土与水泥制品，2014，18 (11)：30-34.

[27]　闫澍旺，侯晋芳，刘润. 碱渣与粉煤灰拌合物的岩土工程及环境特性研究 [J]. 岩土力学，2006 (12)：2305-2308.

[28]　杨爱良，方金瑜，舒望. 综合管廊防水施工要点技术综述 [J]. 新型建筑材料，2016，43 (2)：71-73.

[29]　杨久俊，谢武，张磊，等. 粉煤灰-碱渣-水泥混合料砂浆的配制实验研究 [J]. 硅酸盐通报，2010，29 (5)：1211-1216.

[30]　杨医博，梁松. 砂浆中使用碱渣引起的工程事故一例 [J]. 四川建筑科学研究，2006 (1)：94-96.

[31]　于晨龙，张慧. 国内外城市地下综合管廊的发展历程及现状 [J]. 建设科技，2015 (17)：49-51.

[32]　张风杰，袁迎曙，杜健民. 硫酸盐腐蚀混凝土构件损伤检测研究 [J]. 中国矿业大学学报，2011，40 (3)，373-378.

[33]　张明义，周霞，刘俊伟，等. 碱渣资源化利用的工程性质试验研究 [J]. 青岛理工大学学报，2008 (4)：5-8，22.

[34]　张渊，刘勋，曹军，等. 碱渣混凝土耐磨性能试验研究 [J]. 混凝土与水泥制品，2013 (9)：81-84.

[35]　赵礼兵，许博，李国峰，等. 碱渣综合利用发展现状 [J]. 化工矿物与加工，2017，46 (6)：73-76.

[36]　赵献辉，刘春原，刘宇飞，等. 碱渣-粉煤灰基新型注浆材料固化机理试验研究 [J]. 硅酸盐通报，2017，36 (4)：1417-1423.

[37]　赵献辉，刘春原，王文静，等. 路堤填垫用碱渣拌合土物理力学性能试验研究 [J]. 硅酸盐通报，2017，36 (4)：1406-1411，1423.

[38]　郑立宁，杨超，王建. 城市地下综合管廊运维管理 [M]. 北京：中国建筑工业出版社，北京，2017.

[39]　中华人民共和国住房和城乡建设部. 普通混凝土配合比设计规程：JGJ 55—2011 [S]. 北京：中国建筑工业出版社，2011.

[40]　中华人民共和国住房和城乡建设部. 普通混凝土长期性能和耐久性能试验方法标准：GB/T 50082—2009 [S]. 北京：中国建筑工业出版社，2009.

[41]　宗绍宇，付昆明. 青岛市某综合管廊内市政配套管线的选择 [J]. 中国给水排水，2014，30 (20)：62-65.

[42]　DUTHIL J-P, MANKOWSKI G, GIUSTI A. The synergetic effect of chloride and sulphate on

233

pitting corrosion of copper [J]. Corrosion Science，1996，38（10）：1839-1849.

[43] SHAO Y，LIU X L，ZHU J J. Experimental Study on Improvement of Marine Soft Soil with Alkali Residue [EB/OL]. E3S Web of Conferences 53，2018. https：//www. e3s-conferences. org/articles/e3sconf/pdf/2018/28/e3sconf _ icaeer2018 _ 04021. pdf.

[44] SKALNY J，MARCHAND J，ODLER I. Sulfate attack on concrete [M]. London：Spon Press，2001.

[45] THOMAS D A，MATTHEWS J D. Performance of pfa concrete in a marine environment-10-year results [J]. Cement & Concrete Composites，2004，26（1）：5-20.

[46] XU Y. The influence of sulphates on chloride binding and pore solution chemistry [J]. Cement and Concrete Research，1997，27（12）：1841-1850.

江苏方洋集团有限公司

徐圩新区地下综合管廊一期工程由江苏方洋集团有限公司投资建设，方洋集团负责该工程项目所有前期报建手续办理、项目建设书、可研、工程设计、工程施工管理、竣工验收、交付使用及运营管理的全部工作。徐圩新区地下综合管廊一期工程被江苏省列为2016年度地下综合管廊试点城市的示范项目。徐圩新区地下综合管廊一期工程被住房和城乡建设部列入2018年度科学技术示范工程项目。

江苏方洋集团有限公司是2009年4月24日经连云港市人民政府批准成立的国有独资企业，注册资本40亿元，是国家东中西区域合作示范区的实业投资主体。公司自成立以来，不断培育资本运营能力、项目管理能力等核心竞争力，已成功跻身连云港市大型综合性企业集团前列。经过9年的快速发展，方洋集团资产规模不断扩大，经营质量不断提升，各板块业务同步发展，现有物流、水务、智能科技、现代服务、工程、置业、热电、能源等17家一级子公司，总资产超过470亿元，主营业务涵盖实业投资、园区配套服务、港口物流和生态环境建设四大业务板块。

中铁十局集团有限公司

中铁十局集团有限公司承担了徐圩新区地下综合管廊一期工程二标段——西安路、环保二路及方洋路地下综合管廊、运营调度中心等施工工作。工程包含土石方、支护、管廊主体、拆除及恢复、暖通、消防、排水等。

中铁十局集团有限公司始创于1993年，注册总资本19.99亿元，下设17子分公司，年综合产值500亿元以上。中铁十局集团有限公司是以工程施工总承包为主的跨行业跨国经营的特大型企业集团。

嘉盛建设集团有限公司

嘉盛建设集团有限公司承担了徐圩新区地下综合管廊一期工程一标段——地下综合管廊，该工程总里程 8434m，包含土石方、支护、管廊主体、拆除及通、消防、排水等。

嘉盛建设集团始创于 1979 年，注册总资本 31 亿元，下设 7 个分公司、16年综合产值 50 亿元以上，综合实力居江苏省市政行业榜首。

江苏苏州地质工程勘察院

江苏苏州地质工程勘察院主要承担了徐圩新区地下综合管廊一期工程的第三作，对管廊支护结构的关键部位及重要周边环境等进行监测。

江苏省地质矿产局第四地质大队组建于 1958 年，1992 年成立江苏苏州地质院，是常驻苏州 60 年的综合地质勘查单位。

武汉鼎承伟业建筑材料有限公司

武汉鼎承伟业建筑材料有限公司主要承担徐圩新区地下综合管廊一期工程一标段地下预埋槽道供应。武汉鼎承结合连云港滨海地区盐碱度较高的恶劣条件，严格按照该项目设计预埋槽道的设计参数要求，预埋槽道进行高质量的热浸锌处理，平均镀锌层厚度不低于 70μm

武汉鼎承是一家专业从事预埋槽道、装配式支吊架研发、设计、生产、销售、一体的综合性企业，在华中和华北有两大生产基地。

安固士（天津）建筑材料有限公司

安固士（天津）建筑材料有限公司为徐圩新区地下综合管廊一期工程的综合舱舱提供了 C 型槽钢预埋件 38×23，材质 Q235B。

安固士（天津）建筑材料有限公司是生产抗震支架专业厂商，集管廊预埋槽、吊架、成品支架、抗震支架生产和 BIM 咨询服务于一体的综合服务公司。

武汉源锦建材科技有限公司

武汉源锦建材科技有限公司针对徐圩新区地下综合管廊一期工程的回填土问题展一系列研究工作，研究表明，经过处理后压实度符合要求的淤泥质土可用于填方次位，工程采用石灰进行淤泥固化处理，并取得了较好的回填效果。

武汉源锦建材科技有限公司是专业的混凝土工程裂缝控制及防水系统解决方案商，通过定制化的技术解决方案，改善混凝土性能，有效防控混凝土裂缝及防水问题